物联网的机遇与利用

毛光烈/著

The Internet of Things:
Opportunities & Utilization

中信出版社 · CHINA**CITIC**PRESS · 北京 ·

图书在版编目（CIP）数据

物联网的机遇与利用／毛光烈著 . —北京：中信出版社，2014.7
ISBN 978-7-5086-4661-9

Ⅰ.①物… Ⅱ.①毛… Ⅲ.①互联网络－应用－研究 ②智能技术－应用－研究 Ⅳ.①TP393.4 ②TP18

中国版本图书馆 CIP 数据核字（2014）第 129903 号

物联网的机遇与利用

著　者：毛光烈
策划推广：中信出版社（China CITIC Press）
出版发行：中信出版集团股份有限公司
　　　　　（北京市朝阳区惠新东街甲 4 号富盛大厦 2 座　邮编　100029）
　　　　　（CITIC Publishing Group）
承 印 者：中国电影出版社印刷厂

开　本：787mm×1092mm　1/16　　　　印　张：15　　　　字　数：136 千字
版　次：2014 年 7 月第 1 版　　　　　印　次：2014 年 9 月第 2 次印刷
广告经营许可证：京朝工商广字第 8087 号
书　号：ISBN 978-7-5086-4661-9 / F・3214
定　价：38.00 元

当今时代，新一轮科技革命与产业变革正在孕育兴起，信息化发展进入以大数据、云计算、移动互联网、智慧物联网为主要标志的智慧化时代，信息网络向着泛在网演进，各类装备通过联网而增强智能。

面对信息化发展的形势，党中央、国务院做出了英明的决策。2013 年 9 月 30 日，中共中央政治局在北京中关村以实施创新驱动发展战略为题举行第九次集体学习，习近平总书记指出："即将出现的新一轮科技革命和产业变革与我国加快转变经济发展方式形成历史性交汇，为我们实施创新驱动发展战略提供了难得的重大机遇。机会稍纵即逝，抓住了就是机遇，抓不住就是挑战。"

党的十八大做出了坚持走中国特色新型工业化、信息化道路，推动信息化和工业化深度融合，全面推进"四化两型"建设等一系列战略部署。2013 年国务院先后出台了推进物联网有序健康发展、促进信息消费等一系列文件，2014 年又召开了全国物联网工作电视电话会议，对推进物联网产业有序健康发展做出了安排。最近，中央成立网络安全和信息化领导小组，把网络安全和信息化工作放在特别重要的位置上，明确提出了建设网络强国的目标。

浙江是全国经济较为发达的省份，目前正处于居民生活消费、企业装备投资消费、城市公共环保与安全消费、政府公共服务消费转型升级的时期，网络信息技术市场空间十分广阔。2013 年 10 月，工业和信息化部正式批复浙江为全国第一个"信息化与工业化深度融合国家示范区"。

为了更好地把握历史性交汇的重大机遇，实施创新驱动发展战略，打造工业强省，走出一条依靠科技创新、加快生产制造方式变革的新型工业化发展之路，建设好"信息化与工业化深度融合国家示范区"，浙江省以物联网为重要抓手，在发展物联网产业和推动物联网应用方面做了大量工作，取得了显著效益。

本书作者毛光烈同志作为分管浙江省工业、科技方面工作的副省长，在组织物联网产业发展和推动应用中有深刻的体会，他对当前物联网发展的机遇及其利用进行了深入研究与分析，有独特的见解。本书提出，物联网是云、管、端一体化的一个体系，它促进了新兴产业的大发展、市场的全面升级和向网络制造方式转型的新工业革命的到来。物联网产业发展的显著特点是产品换代（智能化升级）、机器换人（自动化、网络化）、制造换法（机联网与厂联网的绿色与安全制造）、商务换型（创造新的商业模式）、管理换脑（以智慧"云脑"替代"人脑"）。

我国近年论述物联网的著作也有不少，但难得的是出自领导干部之手又有学者视野的书。本书角度清新而鲜明，站位高和思考深，既重宏观又接地气，论述系统且务实，兼具科学性和通俗性。本书适合于组织实施物联网产业和应用的各级干部和技术人员阅读，冀望对理论研究者、政府管理者和广大企业提供有益的帮助。

因此，我乐意为此书作序，乐意向读者推荐此书。

邬贺铨

2014 年 5 月于北京

第一章 物联网的机遇

近几年，我们开始越来越多地听到"物联网"这个名词，它为我们描绘出一幅幅智慧生活的场景：顾客站在橱窗前，就可以看到各类服饰的虚拟搭配效果；上班族只要从办公室里发一条手机短信，家里的电饭煲就会自动煮饭；车主通过车载终端，就可以知晓道路上的交通状况，以及附近哪里还有车位……除了这些衣食住行的方方面面，物联网还为相关产业的发展带来了新机遇和新变化。

抓住物联网的机遇，要在全面系统地了解物联网知识的基础上充分认识到，物联网的颠覆性技术创新带来了产业的大发展、市场的全面升级和网络精准制造方式的大突破，加快了人民群众生产生活方式的变革，城市公共服务、社会治理、城市安全、环境保护、节能减排等领域的信息化与现代化进程。

第一节 全面系统地了解物联网

准确把握利用物联网的机遇，首先要全面、系统地学习，掌握物联网的知识。俗话说："知者不惑、会者不难、艺高者胆大"，充分说明了"知"、"会"、"艺高"的重要性。

一、物联网是信息化进入智慧阶段的产物

信息化经历了初级阶段和中级阶段，现在已经进入智能化（智慧化）这一高级阶段。大数据、云计算、移动互联网、智慧物联网是这一阶段的主要标志（见表1-1）。

表1-1 信息化进入智能化（智慧化）发展的高级阶段

类别	初级阶段	中级阶段	高级阶段
终端应用	计算机	桌面电脑手机	智能手机、智能终端
信息处理技术进步	模拟技术	数字技术	智能技术、智慧技术
网络介质发展	金属网（铜芯同轴电缆）	光纤网	有线与无线结合的泛在网、专用网
网络建设应用	局域网	互联网	移动互联网 智慧物联网

续表

类别	初级阶段	中级阶段	高级阶段
数据中心	自管服务器	服务器托管	数据的云存储、云计算服务外包成为主流

以信息化网络为例，其发展已经走过了大型主机、小型机、个人电脑、台式（桌面）互联网等多个阶段，进入移动互联网阶段，正向泛在网的新阶段迈进（见图1-1）。

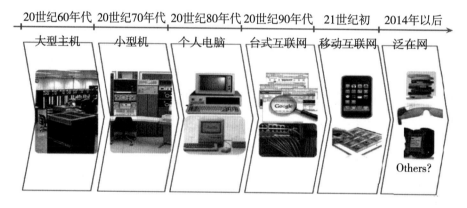

图1-1　信息化网络进入移动互联网和泛在网的发展阶段
资料来源："互联网女皇"发布2013年互联网趋势报告，新浪网，2013年5月，稍有修改

伴随着信息化网络发展的是信息化装备的大发展（见图1-2）。凭借着更强的处理能力、更友好的用户界面、更小巧的外形、更低的价格和更好的服务，新产品的出货量和用户数往往是上一代主流产品的 n 倍。目前，信息化装备已进入"智能终端大发展"时代，智能手机、平板计算机、智能家电、汽车电子等领域的新产品层出不穷，成为物联网、移动互联网的重要组成

部分。在物联网时代，一辆汽车、一艘轮船、一架飞机、一栋房子、一个加气站、一台机器或一个工厂，都可以当作一部放大了比例的固定终端或移动智能手机来设计并使用，这就是谷歌开发网络控制的无人操作的电动汽车的原理，也是无人驾驶的飞机、轮船、机器人会有更大发展的奥妙。

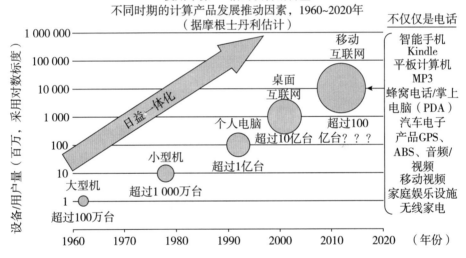

图 1－2　信息化装备进入移动智能装备的发展阶段

资料来源：玛丽·米克：移动互联网迎来黄金时代，新浪网，2010 年 5 月

二、物联网的概念

物联网被称为继计算机、互联网之后世界信息产业发展的第

三次浪潮，是比互联网应用更加广泛的一次浪潮。

概念解释 1　物联网的概念最初源于美国麻省理工学院（MIT）在 1999 年建立的自动识别中心（Auto-ID Labs）提出的"网络无线射频识别（RFID）系统——把所有物品通过射频识别等信息传感设备与互联网连接起来，实现智能化识别和管理"。

概念解释 2　物联网是将传感器、执行器和数据通信技术内置于物理对象，使其可被整个数据网络或互联网跟踪、协调与控制。这是麦肯锡全球研究所的观点。

概念解释 3　物联网是建立在数据云存储、业务云计算之上的，是将智能终端通过先进网络相联的一个业务数据智慧处理体系。它是一个云、管、端一体化的体系，或者说是一个云计算技术与具体业务及过程管理相融合的体系。

物联网的"物"、"联"与我们平常说的"物"、"连"的概念是有区别的。物联网的"物"，就是指"智能终端"的"端"；"联"相当于"网"，或叫"管"，用于连接"物"与"云"，因此物联网中的"管"，就是数据传输的管道、管网；"云"等于"云存储与云计算"，"云"是对云存储与云计算的总称。

现在学界对物联网的业务应用，如叫智慧城市还是叫智能城市存在不同的见解。在我看来，这个争议可以统一起来，智能在物（端），智慧在云（云储存的大数据与大数据的业务云计算）。

三、物联网的架构

(一) 物联网的物理架构

从物理架构上看，物联网是由智能的物体＋先进的网络＋智慧的云脑三者构成的云、管（网）、端为一体的一个体系，如图 1－3所示。

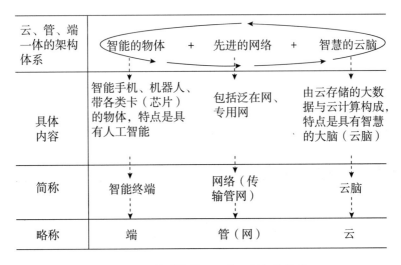

图 1－3 物联网的云、管、端架构体系

图 1－4 是以智慧医疗系统结构为例，借以说明物联网的云、管（网）、端一体化体系架构。

从这一角度来看，对物联网概念完整准确的理解可以表述为：物联网就是物与物能够联网，并智慧地发挥作用的一个体系；一个云、管（网）、端（物）一体化、云计算技术与具体业务及过程管理相融合的一个体系。其结构关系与形成的过程见表1－2。

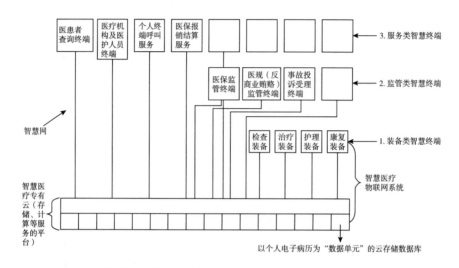

图1－4　"智慧医疗"云、管、端垂直一体化操作（运营）系统结构图

表1－2　物联网结构关系与形成过程

类别	内容	方法	结果一	结果二
端（物）	智能终端（器物、机器、机构）	物＋传感器物＋芯片物＋嵌入式软件	无物不智能无物不可联	产品、装备的网络化、智能化
管（网）	传输管网（物与物相联的专用网、泛在的骨干网）	建设业务数据实时感知与处理的专用网络；加快4G网建设，加快泛在网的形成	为物与物相联提供专用网＋泛在网的保障	室内遥控变网控，服务的网络化、智能化

续表

类别	内容	方法	结果一	结果二
云	云存储与云计算服务	将业务数据的云存储与云计算服务相统一	出现大数据、云服务平台	大数据、云服务进入产业化的发展阶段

（二）物联网的进一步细分

物联网是由智能终端、经济高效的泛在网、业务专用网、业务操作系统软件、业务云服务平台五部分构成的。

1. 智能终端

物联网最重要的是"端"，它有"联网"与"智能"的功能。智能终端大体可以分为器物类终端、机器与装备类终端、机构类终端三类，如图1－5所示。

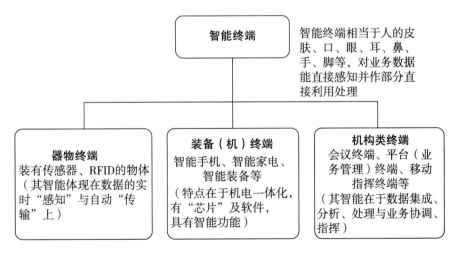

图1－5　物联网智能终端类型

2. 经济高效的泛在网

泛在网包括有线网、宽带网与无线网等，当前要加快 4G 无线宽带网的建设。

经济高效可以从两方面理解：经济是指泛在网建设能进一步降低成本、降低收费，为更多的物联网客户创造应用的条件；高效是指泛在网能提供更高水平的网速、网传质量，以及无所不在的服务。

3. 业务专用网

对业务数据的感知与处理装备相联，形成了业务专用网。这是物联网中的微型网、局域网。有人称之为传感网，其实称传感网不够准确，因为它还具有对业务数据进行相应的自动化处理的功能，具有"传"、"感"、"处理"三种功能。在绿色安全制造方式的"物联工厂"中，或在智能电网、智能气网、智能水网的应用中，这方面的特性会得到更充分、更具体的证明。物联网的微型网、局域网建设，有武汉市国土资源监控网的建设方法可借鉴；诺基亚公司的"灵动应用"也为业务专用的无线网建设提供了方便。

4. 业务操作系统软件

业务操作系统软件设置在业务专有云平台上，是云计算为专项业务提供服务的一种基本方法。开发对象是业务关系数据（不是非关系数据），为相对有规律的业务活动服务；相当于人的大脑的功能，把业务数据处理的云计算服务通过格式化、标准化、规范化、简便化来实现。同时，通过大数据挖掘非关系数据的关联关系，可以开发新的业务操作软件，提供新的业务智慧服务。

业务操作系统软件的开发，目的是提供"一揽子"解决问题的服务，实现有智慧的服务；统一对各物联终端和其他系统资源提供简便服务，为业务提供全流程的专业服务，为客户提供统一的按需服务与权益保障的监管服务。

5. 业务云服务平台

云有公有云、私有云、专有云之分。当前我们可以从业务专有云做起。由于云具有分布式架构的特点，对每朵专有云的再云化，就可以组成更大规模的综合应用"云"。因此，从专有云做起，并不妨碍将来形成大型云、综合云，大可不必一开始就建设与业务量不匹配的大型云。同时，通过经济高效的网络，云数据中心可以设在遥远的能源富集、平均气温低、交通方便的地方。通过对业务数据的分析、挖掘、可视化等云计算技术，外加开发业务操作系统软件以及其他软件，专有云的建设将为客户提供智慧的业务分析、预测判断、决策协调与全程监管等技术性的服务。

（三）物联网的"五部分"组成与云、管、端一体化的关系

物联网的业务云服务平台、业务操作系统软件、业务专用

网、泛在网和智能终端这五部分和"云、管、端"一体化的关系如图 1−6 所示。

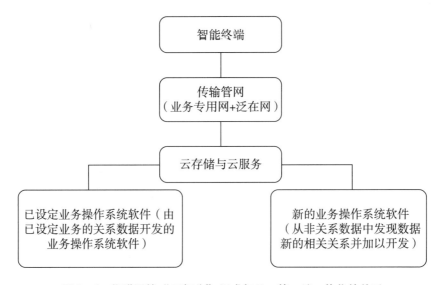

图 1−6　物联网的"五部分"组成与云、管、端一体化的关系

四、物联网的特征

物联网的特征主要表现在以下五个方面：一是具有聪明智能的物体，简称"智能终端"；二是具备在线实时、全面、精确定位感知的功能，简称"实时感知"；三是具备系统集成、系统协同的巨大能量，简称"系统协同"；四是具有"一览无余"的庞大数据比对、查询能力，简称"大数据利用"；五是具有超越个人大脑的大智慧、超智慧的日常管理与应急处置能力，简称"智慧处理"。

五、物联网应用的分类

物联网应用的分类可从图 1 - 7 得到一个形象化的了解。

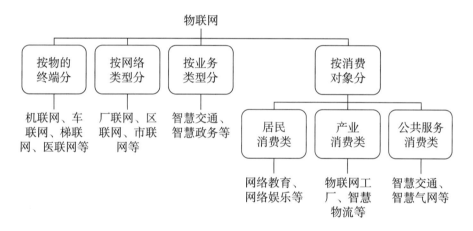

图 1 - 7　物联网应用的分类

（一）按物的终端分类

物联网中的"物"，包括机器（装备）、汽车（火车）、电梯等各种形式的"物（端）"，智能终端可以有固定式与移动式两类。因此，就有了机联网、车联网、梯联网等。

1. 机联网（厂联网）

对企业机器设备进行智能化与联网改造，并由云存储、云计算进行统一管理，形成连续生产、集中管控、资源共享的网络制造模式。

2. 车联网

通过泛在网，对车载电脑、驾驶员的手机、加油站、维修点、停车场等智能终端进行物联，对出行车辆进行跟踪服务，包括出行的气象服务、实时路况服务、加油停车服务等全面、全程服务。如上海、台北建设的车联网。

3. 梯联网

通过对一个城市的电梯进行联网，对其运行状态进行实时监控、有效运维、安全保障服务。如杭州开展的梯联网试点。

(二) 按网络类型分类

1. 区联网

在一个区域内建立物与物（机械）联网的业务应用模式，相当于局域网的一种类型。按照对环境与安全事故"重在预防"、"控在始发"，"应急重在施救与阻断灾害的扩大"、"救灾要防次生灾害"等积极应对治理的理念，对各类产业园区、产业基地的各种装备（包括生产、检测、监控等装备）进行联网，对各企业进行全面、全程监控管理，防控废气、污水、固废排放和避免安全生产事故，实现绿色安全生产目的。区联网是属于机联网管理服务的一种应用方式。如对医化、造纸、蓄电池、印染等园区或产业基地提供安全环保服务保障。

2. 市联网（市域网）

在一个城市的区域内对各类传感器、探头、声像等装备进行全面联网，并进行实时数据监测，分别开展"智慧交通"、"智慧环保"、"智慧安居"等业务，为市民提供高效、优质、方便、舒适、安全的网络服务体系。

（三）按业务类型分类

按业务类型分，有"智慧环保"、"智慧交通"、"智慧电网"、"智慧气网"、"智慧油网"等，下面简单介绍智慧电网与智慧气网。

1. 智慧（能）电网

智慧电网由智能家庭综保装置、智能电表、智能变电所（无人值守）、电网云等组成，可实现对电网的全面监控，对电网的受电、变电、输电、供（用）电全程进行智能化计量、调度、安全保障等。

2. 智慧气网

智慧气网是对智能供气站、智能加压站、智能计量检测的管阀进行联网，并由气网云进行经营管理的体系，具有智能服务管理、实时自动计量检测、智能安全保障等能力。

加强城市"智慧气网"建设,是保障居民高质量用气与安全用气的需要。近 30 年来,中国城市经历了烧煤饼、使用罐装煤气、使用管道煤气的跨越,现已进入家家户户使用管道煤气的阶段。经普查,仅宁波城区的地下气网就达 4 000 多公里,2013 年管道煤气用户比 2000 年增长了 540%。各城镇也迫切需要加快"智慧气网"建设来满足众多用户的需要,同时又能保障城市气网运行的安全。

综上所述,物联网是一个不可分割的整体体系,它是一个把"各类终端装备 + 网络服务 + 云技术使用"融为一体的体系。如果对照《关贸总协定》中的"货物贸易、服务贸易、技术贸易"三种贸易形态分类的话,物联网这个体系中的"各类物体装备"就相当于"货物贸易","网络服务"相当于"服务贸易","云技术使用"相当于"技术贸易"。因此,也可以说,物联网是融货物贸易、服务贸易、技术贸易三种贸易方式为一体的一种新商务模式。

六、物联网应用开发的要求

(一) 关键是要开发智慧云脑

物联网的业务应用具有在具体的业务内容与技术水平层次上

的双重要求。这个"双重要求"可用智慧城市的坐标系来说明，如图1-8所示。

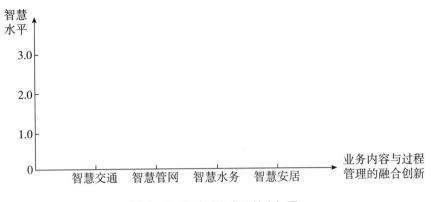

图1-8　智慧城市发展的坐标图

物联网、具体业务与业务的过程管理的融合创新构成了横坐标，表达的是物联网逐项开发的业务，最后全面建成智慧城市。

云服务的能力与技术水平构成了纵坐标，表达的是提供智慧服务水平的层级高度，如业务操作系统软件的1.0版、2.0版、3.0版乃至n版的不断升级。现在最需要的是开发与业务内容、过程管理融合创新的"智慧"操作系统软件。

（二）注意云、管、端一体化的匹配

一是要打破条块分割的小数据，形成大数据；二是要建设与业务需要相适应的专用网；三是要让各类用户终端实现智能化、融网化。

（三）实现物联网应用的五个方面融为一体的商务模式开发

物联网应用开发的五个方面分别是：智慧技术，即具有利用大数据、云计算的智慧；业务内容，即开发出基于专有云的业务操作系统软件；过程管理，即全过程、全链条无缝链接的管理再造；安全管控，即能使客户的权益、秘密与网络安全得到切实保障；先进体制，即能提供上述"一揽子"解决问题的云工程服务。图1-9为这五方面融合为一体的物联网应用开发的商务模式。

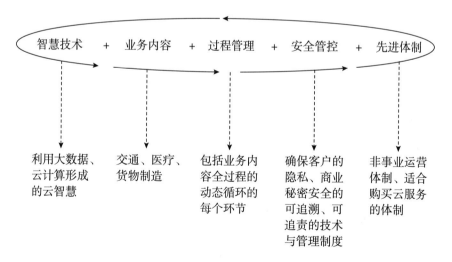

图1-9　物联网应用开发的五个方面融合为一体的商务模式

第二节　颠覆性技术创新的机遇

一、颠覆性技术创新的概念、分类、作用及其阶段变化

（一）颠覆性技术创新的概念

颠覆性技术创新包括两个方面：一是产品性的颠覆性技术创新，包括装备与服务；二是产业性的颠覆性技术创新，这就是现在学界热议的第三次工业革命或第四次工业革命。因此，颠覆性技术创新的实质是产品、装备与服务的一种创新，是颠覆原有加工方式、制造方式的一种创新。

这个概念最早由《创新者的窘境》一书的作者——克里斯坦森提出。他当时提出的概念是破坏性技术和延续性技术。所谓破坏性技术是指，对原有技术的使用模式产生了破坏性的结果，主要是出现的新产品、新装备替代老产品、老装备；或者生产新产品、新装备的企业取代了生产原有产品、装备的企业，产生了破坏性的结果；所谓延续性技术则是指，渐进性的创新，是对原有产品与装备进行完善性质的技术创新。破坏性的技术创新的效果是"替代"，延续性技术创新的效果是"完善"。克里斯坦森试

图证明，新兴公司如果掌握了某种能打破现有生产方式的技术新发明，就可以打败世界上任何一家大公司。比如 20 世纪 70 年代发明微处理器的英特尔公司、20 世纪 90 年代掌握重新利用金属废料方法的纽科公司都证明了这一点。

（二）技术创新的分类

根据变革性程度，学界对技术创新的分类大体有三组相对应的表述，见表 1 - 3。

表 1 - 3　技术创新的分类

序号	变革性技术创新	非变革性技术创新
1	破坏性技术	延续性技术
2	新技术革命	旧技术、工艺的改进
3	颠覆性技术	维持性技术

应该明确的是，我们通常说的"新技术革命"，相当于"破坏性技术创新"或"颠覆性技术创新"。

过去的科技进步实际上只有少数技术进步属于颠覆性技术创新，更多的属于延续性技术创新。但现在由于网络型技术创新生态的出现，颠覆性技术创新将大量涌现。

麦肯锡国际研究院（MGI）预测了技术进步的经济前景和破坏能力，认为"破坏性技术"或"颠覆性技术"应该具有以下四个特点：第一，技术发展速度快、创新快；第二，未来影响力空前，会产生一些根本性的变化；第三，对经济产生重要影响；第四，具有破坏经济结构的潜力。2013 年 5 月，麦肯锡发布了研究报告《12 项颠覆性技术引领全球经济变革》，根据到 2025 年每年能够实现的经济效益排序，这 12 项颠覆性技术[①]依次为：移动互联网、知识工作自动化、物联网、云计算、先进机器人、智能驾驶、下一代基因组、储能技术、3D 打印、先进材料、先进油气勘探与回填、可再生能源。

（三）不同类型技术创新的作用

"维持性技术创新"着眼的是既有应用和市场需求，强调的是对现有的产品、服务、技术及管理方式的改进，目的是为消费者提供更高品质的产品与服务。如 100 年的不断创新，打造出了一把最锋利的"瑞士军刀"。"破坏性技术创新"是用新的更优秀的产品和服务替代原有的产品与服务。如短信服务让 BP 机退出历史舞台，传真机使电报走向衰亡。

"维持性技术创新"的目的是保持既定的市场规则和商业模式，强化现有的市场格局和公司地位，主要被行业及细分市场的主导者或既得利益者所采用。"破坏性技术创新"的目的在于打

---

① 资料来源：《赛迪译丛》，2013 年第 34 期。

破既定的规则和商业模式，试图推翻现有的势力平衡，改变竞争格局，以争取更有利的市场位置，甚至取代行业龙头地位，往往被有着远大抱负的后来者或者意欲强行侵入该行业的外来者所采用。如光盘驱动器取代了磁盘驱动器，移动电话替代固定电话，这是破坏性技术或产品的创新；而 Google 高度精准搜索广告瓦解门户网站完整的在线广告业务，则是破坏性的商业模式创新。

（四）颠覆性技术创新与维持性技术创新的阶段变化

颠覆性技术创新往往因企业成长的不同阶段而发生变化。一般来说，当企业处于创业期时，其技术创新基本上是颠覆性的；当进入成长期后，其技术创新就以维持性为主、破坏性为辅，产品创新和商业模式创新也是维持性的；进入成熟期后，其技术创新由维持性开始转向破坏性，但产品创新和商业模式创新总体上还是维持性的；进入衰退期后，没有破坏性的创新就不可能再继续发展，所以此阶段的技术创新、产品创新和商业模式创新都是破坏性的。

我们以芬兰的造纸业为例，可以看出颠覆性技术创新带来的好处。芬兰的人口只有 500 多万，但是国土面积很大、森林很多，尤其是与俄罗斯交界地带的森林更多。因此，芬兰的森林制品、纸浆和造纸等，在出口产品中占很大的比重。芬兰制造产品的 40% 是出口的（目前浙江制造产品的出口比重在 20% 左右）；

在芬兰的出口产品中有一半是纸浆和纸制品。在 20 世纪七八十年代，造纸行业对芬兰环境造成严重污染。但他们依靠造纸装备的转型升级，加大科技投入，实现网络化及智能化的生产方式、可视化的检测与零排放的污染处理方式，使造纸装备产业和造纸行业获得了新生。现在，芬兰的造纸、纸浆以及网络造纸装备等仍保持着大量出口，很有竞争力，但没有产生污染。这说明只有改变污染的制造方式，才可以出现没有污染的制造产业。

二、物联网技术是颠覆性技术

克里斯坦森在《创新者的窘境》一书中曾经预言，"互联网已逐渐发展为一种基础性技术，并将使颠覆许多行业成为可能。"[①] 2013 年年初，中国科技金融促进会理事长王元在 2012 年理事扩大会所做的题为"科技创新、产业变革与体制改革"的演讲中断言，"在未来 5 ~ 10 年间，所有的产业变革主要还是基于信息技术的广泛渗透和交叉应用。"[②] 对于移动互联网、物联网将

---

① 资料来源：［美］克莱顿·克里斯坦森著，胡建桥译，《创新者的窘境》，中信出版社，2010 年 6 月版第 21 页。

② 资料来源："科技创新、产业变革与体制改革"——中国科技金融促进会王元理事长在中国科技金融促进会 2012 年理事扩大会暨经济形势报告会上的演讲，载于中国科技金融促进会办公室《科技与金融》简报，2013 年 5 月 25 日，总第 156 期。

以颠覆性技术的面貌登上产业变革的历史大舞台的观点，越来越多地得到学界、业界的认同。同时，不少专家认为，由于物联网对于工业制造业多样化的适应、多层次水平的灵活应用，因此颠覆的作用就会更大、更惊人。

美国思科公司发布的《迎接万物互联时代》白皮书认为，"在全球 1.5 万亿个事物中，仍有 99.4% 尚未联入互联网（目前只有 100 亿个事物联入），有朝一日它们将成为万物互联的一部分"；"2013～2022 年，万物互联对全球企业的潜在价值达 14.4 万亿美元。更具体地来说，未来 10 年，它有望使全球企业利润增加 21%。"因此，思科首席执行官（CEO）约翰·钱伯斯宣布，思科的又一次转型是实现"物联网"与"以应用为中心的基础设施"（Application Centric Infrastructure，ACI）的结合，是从设备提供商全面转型为物联网解决方案提供商，从全球最大的网络公司变身为全球第一的 IT 公司。无独有偶，2013 年谷歌公司大举收购美国的机器人公司，一年就收购了 10 家企业。在物联网的环境下，各类机器人都是智能终端装备。谷歌公司收购那么多的机器人公司，目标只有一个，即谷歌将全面介入物联网产业。

物联网的颠覆性技术创新，带来了市场的替代性颠覆，制造方式的颠覆，对原有的数字中心的颠覆。颠覆性技术创新，颠覆的不只是技术，而是对产品、装备与制造方式的大面积的替代，这种替代虽然有个逐步发展演变的过程，但其产生"产品换代、机器换人、制造换法、商业换型、管理换脑（云脑替代人脑）"的变化可能是难以逆转的。

（一）物联网技术的创新与应用，带来了"网络智能产品、网络智能成套装备"的颠覆性大面积的逐步换代

正像网络音乐替代汽车音响一样，"网控空调"必然很快替代室内遥控方式的空调。这种颠覆性技术带来的产品装备的大面积换代将在今后三五年内渐次发生，并产生巨大的市场冲击。因为无论是技术还是市场，都会促进其发展步伐。这种物联网技术的大面积的逐步换代，特点就是网络化以及智能化、绿色化，其实现途径主要有三种：一是专用电子产品与传统产品、装备的组合，大面积地为传统产品、传统装备装上传感器、芯片、嵌入式软件等；二是网络化的操作软件与成套装备的组合，包括与工业机器手等机器人的组合，推动了"硬件＋软件"的服务型装备的发展；三是工业设计、创新设计的发展，使专用电子产品与传统产品的"一体化"组合得更加完美，使网络软件与成套装备组合得更加和谐。

（二）物联网技术带来的"机器换人"、物联网工厂，"绿色、安全、节约"的制造方式将替代"污染、危险、浪费"的制造方式

物联网制造是现代方式的制造，将逐步颠覆人工制造、半机

械化制造与纯机械化制造等现有的制造方式，最终使现有的制造方式退出历史舞台，这就是国内外学界关于第三次工业革命越来越统一的看法。同时，大面积雾霾等污染危害，使得这种绿色制造、安全制造、节约制造的方式将越来越受到重视生态环境、健康安全、和谐发展的各界人士的欢迎，形成众望所归的社会合力。

物联网技术将带来"三大改变"：一是出现无操作人员的车间、无操作人员的工厂。这样的企业，将不再有影响操作人员健康与安全的工种，甚至没有蓝领工人、灰领工人，而代之以"白领工人"。白领工人的工种名称可以是"应用工程师"或"监控工程师"，"白领工人"的工作与社会地位将会更有尊严；二是"零排放"生产。物联网时代，整个生产过程将是精准投料、优质加工、在线检测、废料（水、气、热）复用、"零排放"管控的过程，真正实现绿色与节约型的制造；三是高水平的安全防控。制造企业对每套装置、每个环节都进行网络化、智能化管控，形成了系统的安全生产监管体系。每个生产环节、每个加工步骤都纳入数字化管理、云计算服务、可视化监控、实时性调节、快捷型应对，从而确保生产安全。因此，德国等一些国家在进行新的工业革命部署时，为了改变城市拥堵程度、方便工人上班，做出了"工厂留在城市"与"工厂重返城市"的安排。过去城市的"退二进三"的理念正在改变，高端制造的都市工业与宜居相结合的新型城市生态可望逐步形成。

（三）实施对分布式小云的再云化发展战略，加速了对传统数字中心的颠覆

实现可行的分布式小云再云化发展，主要是要把握三条原则：

一是坚持物联网应用产业要技术、业务、质量服务的过程管理一起抓。从技术层面来讲，要把专项业务的云、管（网）、端的技术创新一起抓，尤其是要加强局域专用业务物联网的建设。从业务层面来讲，要加强基于专有云的业务操作系统软件的开发。从管理层面来讲，就是要加强保障服务质量、服务安全、客户权益与秘密的制度建设、组织建设，落实各项有效的管理措施，要以高质量、高品质的云服务，稳扎稳打地开发云服务市场，提供可体验的业务示范，打响服务质量的品牌，防止低水平开发、欺诈客户等市场开发行为。要实施云服务公司的准入制度，推广标准化的购买云服务合同，开展竞争性的云服务公司的评价，建立第三方评估结果公开排序制度，提升优秀云服务公司在市场客户心目中的形象，促进云服务公司的优胜劣汰，营造购买云服务健康消费的市场环境。

二是鼓励云服务商务模式创新。支持农业云服务工程公司、

工业云服务工程公司、学校云服务工程公司、城市公共服务云服务工程公司的发展。要通过培育农业云服务工程公司、工业云服务工程公司、学校云服务工程公司、智慧城市云服务工程公司，抢抓物联网产业的机遇，加快"机器换人"、农业现代化、教育现代化、城市公共服务现代化的步伐。

三是鼓励通过专业物联网市场的开发，打造上规模的云服务公司。农业、工业、学校的云服务工程公司，对每个农业企业、工厂、学校、城市政府的客户都要力求承担云、管（网）、端业务的总承包、长承包；对自身的公司要专注专项业务的特色发展。如学校云服务工程公司，如果选择做小学的就专注做小学业务，如果选择做中学的就专注做中学业务，这样才能培育技术加业务的复合优势。例如，中学教育有地理课，当讲太阳、地球、月亮之间的空间位置关系时，可以通过开发多媒体模拟模型来教学。这种业务型的教育工具开发，只有专注于业务与技术结合的云服务公司才能做得更好。要加快百、千、万同一类客户市场的规模开发，如果一个农业云服务公司承接了百家、千家、万家农业种养企业的总承包、长承包，工业与学校的云服务工程公司也一样采用这种针对专门客户的发展战略，有一天就可对长承包的百、千、万家的小客户云进行再云化的提升；同时，这些客户本来就由自己的公司总承包、长承包，规模化的再云化并不难，分布性小云经过统一再云化之后，规模化的大中型的农业云、工业云、学校云、城市云公司就可以顺利产生。

三、物联网颠覆性技术创新的价值与方法

（一）物联网颠覆性技术创新的价值

维持性技术创新微笑曲线的左边是研发设计，右边是销售，中间是制造；主要的增加值是在左右两端，中间的制造环节相对比较低。当物联网颠覆性技术创新出现以后，微笑曲线是不是会发生变化？这是一个值得探讨的问题。

当物联网颠覆性技术创新出现以后，微笑曲线如图 1 - 10、图 1 - 11 所示，将会出现四种变化：第一，维持性（完善性）技术创新，其制造部分增加值的微笑曲线底点在横坐标线上；在物联网颠覆性技术创新后，制造业增加值曲线发生了变化，底点不在横坐标线上了，因为装备终端的网络与智能化把它拉高了，形成了"装备＋电子＋软件"的增值；物联网微笑曲线底点离横坐标线的高差，主要取决于装备网络化与智能化的水平。第二，在物联网颠覆性技术创新时，业务操作系统软件的开发，产生了新的增值。第三，在物联网颠覆性技术创新时，出现了"工程总承包"的"工程设计＋工程施工＋……"的商业模式，它也推高了"工程设计＋工程施工＋……"区间的附加值曲线，其商业模

式是"交钥匙工程"，所以它产生了"工程总包的增加值"。第四，物联网的运维服务长承包的商业模式，其曲线延长了"全产品的生命周期"，产生了运维服务的增加值，使增加值的微笑曲线加以伸展上升。

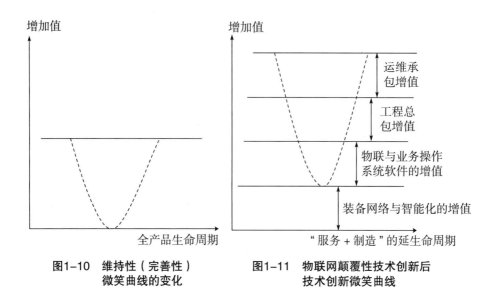

图1-10　维持性（完善性）微笑曲线的变化　　　图1-11　物联网颠覆性技术创新后技术创新微笑曲线

（二）物联网颠覆性技术创新的方法

1. 多种技术优化集成利用

最典型是乔布斯的苹果智能手机，从单项技术来看，好像并没有新的突破性的技术；但是苹果是将多项新技术巧妙地组合在一部手机里面，这就诞生了客户可以凭借互联网不断下载软件的"智能手机"。这使得手机这个装备的功能通过下载新的软件不断

"升级"，产生了苹果智能手机对其他一般手机市场的颠覆性效果。

2. 协同创新

物联网是一个业务创新体系。只有做强每项业务的"每个链条环节"，才能做强业务链。因此，要加强每一个链条之间的"协同创新"；任何一个链条的"短板"，都将削弱整个业务体系的竞争力。因此，做强业务体系的"协同创新"，是物联网产业的内在要求。物联网的业务体系，就是包括业务专有云、专用网、业务操作系统软件、业务智能终端在内的一个体系。例如，"智慧安居"，就是包括安居专有云、安居专用网、安居业务操作系统软件、智能安防终端设备等在内的体系，缺一不可，存在任一个"短板"都不行。

加强物联网业务体系的"协同创新"，原理同做强产业链的"协同创新"一样，要把握好以下三点：

（1）必须有具体的目标。这个目标一般要具体到网络与智能化的产品或者是网络化、智能化、绿色化的装备，或者专项物联网的具体业务系统软件。例如，浙江省在 2013 年以来开展的"纯电动汽车"产业技术创新综合试点，就是以开发市场适用的、经济性价比高的"纯电动汽车"作为具体的总目标。

（2）要有明确的任务细分，并找到愿意且有能力承担细分任务的企业。例如，浙江省开展的"纯电动汽车"产业技术创新试点，就明确了攻破"电池隔膜以替代进口"、汽车动力电池、汽车电子、汽车电机、汽车电控软件、智能充配电产品、快捷电池充电服务、电动公交节能空调、智能行车安全保障、车联网运行服务与安全监控等多项需技术突破的任务，并且已把大部分任务分解到愿意且有能力承担的企业。找准做强产业链需突破"短板"的细分任务，找准能完成技术创新任务的企业，是一项费心费神的工作。

（3）要建立"技术协同创新的合作机制"。建立产业技术创新联盟，固然也是一种方式。但我们经过调研发现，由于没有"技术协同创新的合作机制"，许多产业技术创新联盟并没有发挥预期的作用。2013 年以来，浙江省还在光伏装备、现代物流装备、船舶装备、智能纺织印染装备、环保装备、现代农业装备、"智慧医疗"等领域开展了"建立不同企业之间的产业技术协同创新合作机制"的探索，其主要的构成是：

第一，对参与产业技术创新的每个企业规定明确的技术创新任务与完成时限，以签订"责任合同"的方式进行保障，并明确违约的追究办法。

第二，对于参与产业协同创新的不同企业的任务协调、进度协调，也主要通过"合同契约"的方式来保障。

第三，对于参与产业协同创新的组织协调与工作协调，通过建立企业间的定期交流、签署共同协议或备忘录的机制来确认。

第四，对于企业间技术创新的协同，还要通过建立省级部门的"一家牵头、多家部门参与的合作服务"促进机制，省、市、县的联合服务与督查机制来推动，当然，关键是要认真落实到位。

　　上述三点是加强物联网业务体系协同创新、产业技术协同创新体制建设要解决的基本问题。浙江省已在电动汽车产业链与应用链方面、光伏发电装备产业链与输配电局域网等方面进行了尝试，取得了初步成效。建立技术协同创新的合作体制，是科技体制改革的重要任务，是加快物联网产业发展必须完成的体制创新，意义十分重大。

第三节　物联网促进了产业的大发展

一、物联网促进了网络化、智能化产品与装备的大开发

　　物联网，顾名思义就是在大数据云存储与云计算的支持下，使物与物相联并高效运作、发挥作用的网络。因此，物体的网络化是其最根本的要求。同时，它也带动了各类物体，包括固定的、不固定的（移动的）物体在网络化基础上的智能化、服务化、低碳节能的绿色化。在物联网"云、管、端"三者的实际应用中，智能终端的使用量远远大于"云"与"管"的规模，不仅远远大于第一次工业革命带来的产品与装备的开发规模与业务

价值量，而且远远大于第二次工业革命带来的开发规模与业务价值量，同时也会大于第三次工业革命的开发规模与业务价值量。这是物联网带给人类社会发展最大的"礼包"。从战略全局看，这是最值得重视的领域。因此，要把网络化、智能化的新产品、新装备开发作为物联网最大的机遇来利用。从表 1-4 可以看出，物联网为我们带来了智能终端类产品与装备的大发展。

表 1-4 物联网带来的智能终端类新型产品与装备的大发展

序号	类别	方法	应用	效果
1	木头	加传感器等	门	指纹锁的门、虹膜锁的门、能远程控制的门
			红木家具	能防盗的家具、能防假冒的家具
2	家电	加传感器、芯片	空调机、厨具	可以远程控制（网控）的家电 可以自断电源的家电，可定时自动充、断电的充电装置
3	纽扣鞋子	加传感器、芯片	衣服、穿着	可防止智障老人、幼儿走失
4	奶牛	植入传感器	牛奶管理	牛奶品质追溯系统
5	水泥	加传感器等	桥梁、隧道、高楼	能报警预警的桥梁、隧道，具有一定消防预警能力的、具有安防能力的住宅
6	机器	加传感器、芯片、软件	造纸厂、印染厂、医化厂、化工厂	绿色安全制造：（1）数字化计量供料；（2）自动化生产控制；（3）智能化过程检测；（4）网络化环保安全控制；（5）可视化的产品质量检测；（6）物流化包装配送

续表

序号	类别	方法	应用	效果
7	管网	加传感器、芯片、软件	电网、水气油管网	无人值班的枢纽、自动开关的阀门等；智能电网、智能供水网、智能供气网、流程装备产业的发展

物联网带来新型产品、装备开发的机遇，具有领域与水平广泛的特点。

（一）可开发的产品与装备的领域相当广泛

按美国思科公司 2013 年发布的白皮书，现在物联网的开发水平还不到应有开发水平的百分之一。产品、装备的网络化开发，包括生活消费类的各类物品，建设类的设备与工程，生产制造类的各种投资装备，计量检测服务类的数字化可视化新型识别、定位、检测、计量装备（如各类传感器、射频识读终端、视频监控等）四大系列。智能化新型产品与装备网络化的开发方法，主要是通过工业设计与创新设计，为传统产品、传统装备装上网络化的各类传感器、各类芯片、内部控制或操作软件。就像前几年"犀利哥"照片走红网络时发明的一个词叫"混搭"那样，呈现传统产品、传统装备与各类传感器、芯片、软件空前广泛的"混搭"新时尚，"混搭"早的早发，"混搭"好的多发，"混搭"妙的久发。给衣服纽扣、鞋子"混搭"上传感器，就可以跟踪穿着的人并随时予以时空定位，防止智障老人与幼儿走失；玩具加装电子产品就是智能玩具。给桥梁、隧道、大门、围墙等各种建筑装上传感器等，既可以检测计量各建筑工程的结构构件的负荷变化状况，保障工程的安全，还可以形成工程的智慧安防能力，防控并记录各种非法侵入行为，保障工程设施使用者的安全。各种网络化及数字化可视化的新型检测计量装备的开发，为零排放零伤亡的工业制造与工程建设开辟了绿色安全的新通道，为环境安全、生产安全的物联网制造方式，特殊工程的物联网建设模式提供保障。把网络化、自动化与控制芯片加装到各类装备上，可以生产出由网络远程控制的无人驾驶汽车、无人驾驶飞机（无人机）、无人操作的生产线、无操作人员的物联网工厂、地下管道疏浚的机器人，可以开发出各种服务型的装备（不能把技术与装备分离开来）。应该指出的是，服务型装备是技术软件与装备硬件一体化的模式，对这种模式不可以简单地按生产性服务业进行分类，就像不能把人与呼吸系统分开的道理一样。如果一定要分类，应该称为"服务型装备制造业"。

我曾经在浙江嘉兴看到一家生产 LED（节能灯）产品的企业，这个企业的老总是个年轻且有现代科学素养的人。他听了物联网的培训课后，灵机一动开发了一款网络手机控制的"家用LED 灯加微型网络音响"产品。我们能看到的只有 LED 灯，看不到音响。LED 灯的灯光色彩与强弱可以通过网络手机调控；音响的歌曲也可以用智能手机从网络中点播，音量也可由手机控制。这个"混搭"型组合的产品上市后，在发达国家很畅销。问其原因，客户反映该产品有两大优点：一是它是利用无线网的设备，克服了家里有线网重复布线的烦恼；二是能更加巧妙、有情调地利用家庭的有限空间。

（二）可供开发的水平层级非常广泛

物联网应用现在仍处于初始阶段，初级水平、中级水平、高级水平的智能终端均有市场客户。对于中国这样的发展中国家而言，对于浙江这样长期以低端制造、中小企业为主的省份来讲，这样的市场准入机遇更为宝贵。我们完全可以从初级水平或中级水平的可联网的智能产品与装备开始介入，在不断积累技术、经验、客户、人才过程中逐步向高水平演进发展。

（三）可适用的企业面广量大

产品、装备、工程等领域的多样化开发，技术水平的多层次开发，为面广量大的各类企业、各类市场主体都提供了宝贵的机遇。无论是生产一般消费类产品的企业，还是生产装备类投资产品的企业；无论是生产成套装备的企业，还是生产配件、组件的企业；无论是生产工业制造装备类的企业，还是生产工程施工装备类的企业；无论是从事产前、产中的产品制造与服务的企业，还是从事工程建成后的运维服务型企业，都可以从物联网的发展中，包括各类智能终端的开发中找到商机，寻找到新的客户与市场。

二、物联网促进了电子产业的大发展

物联网的器物终端、机器与装备类终端、机构类终端的发展，促进了专用电子产业的发展，包括各种类型、各种规格、各种系列的传感器、射频识读终端、视频监控设施、空间定位装备、芯片、软件、机器人等各类专用电子器件的应用迅速扩大。与各种市场规模大的通用电子器件相比，虽然有的专用电子器件的批量不一定很大，但开始应用时因先发优势，将会获得丰厚的利润；然后通过系列化的开发，可以获得更多的回报、赢得更稳定的客户。2011 年中国进口芯片的价值量为1 550 亿美元，2013年达到2 315 亿美元，年均增速为 22%。同样，中国物联网产业规模从 2009 年的 1 700 亿元跃升至 2012 年的 3 650 亿元，年均复合增长率近30%，2013 年已突破5 000 亿元。这与其他产业的增速相比，简直是一个神话。

可联网的新型智能产品与装备的大发展迅速扩大了芯片的大市场；各类物联网的建设，开拓了大规模的传感器市场；各类自动化生产线、系统成套装备的发展，开拓了大量的机器人使用市场；道路、隧道、桥梁的安全需求，开拓了能综合检查车辆超重、超长、超高、超温与驾驶员超疲的大型复式计量检测器市场。

各类专用电子应用的迅速扩张，其中一个值得关注与利用的特点就是呈现不同水平的多层次发展态势，这同样给发展中的中国浙江省等地方提供了积累性开发的难得机遇。

利用好各类专用电子应用扩张的机遇，各类电子器件生产公司要迅速调整发展战略，以客户为中心，迅速走上与专用智能终端客户的协同创新、协同制造、合作发展之路。在公司内部要进行初级、中级、高级水平的组织架构重组，以利于专业分工，加快电子产品器件的系列开发；同时，可以考虑把不同水平层级的制造专用电子产品的分公司设到客户集聚规模大的区域高新区去，实行面对面的生产与售后服务。在公司的营销上，要改变依赖通用产品客户的传统营销模式，宜采用送可联网产品与装备的设计图纸上门、送新型产品与装备智能开发方案上门的营销模式，为专用电子客户提供"吃现成"式的服务，让没有技术队伍的企业也能分享物联网的发展机遇。这样可加快公司客户的开发，获取更加丰厚的利润，并建立长期稳定的客户关系。利用好这个机遇，对于各高新区来说，就要认真分析并确定其辐射半径内的规模量最大的专用电子的客户，通过定向招商，引进、扶持国内外专用电子创业团队创业，尤其是有经验的海归创业团队，引进整车、整机、成套装备类的工业与创新设计公司、工业工程公司、专用电子产品开发公司，抢建专用电子与软件产业基地。

三、物联网促进了各类专用软件的广泛开发与应用

与互联网不同的是，物联网的软件开发是个性化、多样化、定制化的过程。物联网智能终端的多样性、规模化，给各种嵌入式软件的多样性开发创造了机遇。为不同水平层级、不同大小规格的量身定制的嵌入式软件，提出了不同寻常的企业生产供给方式，适应不同客户水平的"一键通"、"一指灵"的嵌入式软件更容易被智能终端的制造客户所接受，但同时又必须提供可被专用网、泛在网等"网络跟踪控制"的可联网的便利。

网络提供的"众集"、"众包"尤其是"众创"的机遇，使社会一步一步地进入"玩软件"的时代。各种与专业数据库相适应的自动化、智能化软件，成了人们便利使用的工具，甚至成了年轻人快乐工作的"玩具"，市场扩张速度令人咂舌。工业设计、创新设计的通用软件，在设计人们日常消费品时，通过调取日常消费品设计数据库的各种模块、色彩与结构的模型，再进行各种内在功能与外观色彩的优化，人们可以像玩积木一样来设计新产品，这使得工业设计、产品设计的通用软件客户大量增加。工业设计的大型专用软件，如船舶整体设计、环保成套装备设计，将

以个性化、产业性强的特色来加快市场开发。各种制造过程的自动化控制软件，各种生产过程与不同业务、不同类型的网络化、可视化、智能化的实时检测计量、实时定位跟踪、实时在线控制的"组合型软件"，各种与业务内容、业务流程管理相融合的量身定制的、以局域网应用形式为主的物联网业务操作系统软件都将依次浓妆登场。物联网应用市场上演着：大的软件带着小的软件"共舞"，通用软件、专用软件"齐飞"，实时定位计量软件与网络控制软件合作"精妙绝伦"，业务操作系统软件"主角"演绎着"辉煌"。

四、物联网促进了大数据、云服务等网络服务产业的大发展

物联网技术与互联网技术的进步一样，必然带来网络产业的蓬勃发展，具体体现在：一是促进云服务产业的发展。云存储是在云计算概念上延伸和衍生发展出来的一个新概念，是指通过集群应用、网络技术或分布式文件系统等功能，将网络中各种类型的存储设备通过应用软件集合起来协同工作的一种商业模式。如果一些城市大量的居民、企业、事业单位、公共服务的数据存储与业务计算的服务实现外包，将大大加快大数据、云制造产业、云服务产业的发展，开发出都市高端产业发展的新业态，爆发出

大数据、云计算产业发展的正能量、新能量。二是促进云工程产业的发展。云工程产业是加快物联网应用开发的新型商务模式，是推进物联网产业、新工业革命的"发动机"，体积不大能量大，消耗资源不多作用大，应特别加强培育、创业资助、支持做强。2013 年，阿里巴巴集团几组楼群占地不多，但上交税收达 70 多亿元，企业利润达 200 亿元以上。发展各类云服务公司、云工业工程公司，不仅用地用能少、排放少、产出高、贡献大，而且还可以迅速抢占物联网产业制高点，抓住物联网的产业命脉，我们不能不重视。如果一个城市有几十家这样的云服务公司或云工程公司，那么全省的"机器换人"工作将会迅速地提质、提速、增效，产业的"腾笼换鸟"尤其是"换鸟"的形势也会迅速改观。因此我们要大力引进、引导新建、培育云工程公司，并全力支持加快市场的示范开发。具体来说，促进云工程公司发展的可行举措有：

一是引导支持成套装备设计公司、成套装备制造公司、大型科技型集团公司、大型软件开发公司、科技型网络专业服务公司新建或联合组建云工程公司与云服务工程公司。由浙江中控集团新组建的"能源云"服务与工程公司取得的进展，令人欣慰，这足以说明，这样的新建重组是一条可行的成功之道。二是优先支持云工程公司、云服务工程公司建立重点企业研究院，支持加快技术型的市场开发团队、云工程设计团队、云工程施工团队、操作软件开发团队、售后服务运维团队的建设，要走"专业结构合理、人才合作融洽、人文生态和谐"的人才强企之路。三是实行重大科技专项优先支持的政策，加紧对设立"科技重大工程专项"予以重点支持。浙江嘉兴光伏高新区引进的国家电网研究院，以研发的分布式光伏发电云计算管理服务软件的技术入股与万马集团组建的"光伏发电云服务管理与工程公司"，发挥了先发优势，同样说明抓住物联网发展"产业命脉"的重要性。四是要试行市场开发的首个业务示范。这反映了高技术应用的复杂性与让人们认知并接受必然有个过程的规律，只有实践的力量最能说服人。浙江省之所以开展 20 个智慧城市的业务试点，正是遵循了这种高技术业务应用的社会认知与接受的过程规律。现在，浙江省的"智慧能源"与"智慧高速"，宁波的"智慧健康"，杭州的"智慧安监"，诸暨的"智慧安居"的示范试点，也证明了这样做的必要性。这个道理也类似于装备的首台套采购使用，实质上是物联网业务的首个合同的业务示范。出路是要实行物联网应用的首个业务合同议标，并开展市场开发的业务公开示范试点。方法是通过专家与各方面民主评审的程序，开展对各高科技公司提供的业务公开示范方案的比选，择优选定承接首个业务合同的企业；同时，对业务示范试点要按责任书或合同全程跟踪监管，定期公布示范试点的进展，动态确定继续试点或中止试点工作；最后是以最终的示范试点体验促进物联网业务应用市场的开发，促进优秀公司的诞生。

五、物联网促进了网络安全产业的大发展

物联网、互联网产业的发展，如同冷兵器时代战场那样，有了"矛"的兵器，自然就诞生了"盾"的兵器。保障网络安全是一个复杂的系统工程，主要应通过法律治理、制度规范、标准建设、强化执法来保障，但同时还要通过发展网络安全产业来提供专业的技术保障。这为网络安全产业的发展也创造了机遇，具体表现为：一是促进了网络安全专用芯片、软件、装备的发展。二是推动了网络监管技术服务业的发展。三是创造了网络安全工程业的发展机会。如同战争战略纵深防御一样，对涉及网络安全过渡圈层、网络安全圈层、网络核心安全圈层的安全防御保障，必然为网络安全工程业的发展提供机会。同时，根据物联网可相对独立的运作特点，可考虑有条件选择某些工厂、城市的物联网采用专用芯片、专用软件、专用大数据云存储云计算的设计，以保其安全。这样，也扩充了网络安全的工程产业的内涵；四是加快网络执法工具与大型数据库开发利用能力的建设。如同实体社会的刑警、巡特警、治安警需要武器装备一样，虚拟社会的网络执法，同样不能只凭警察的"两条腿去追犯罪嫌疑人的汽车"，同样需要开发大量的网络巡查工具、证据搜索并加以固定的工具、证据损坏的恢复工具，需要建设与犯罪嫌疑人的图像数据、

语音数据、疾病损伤生理特征数据、携带使用电子工具（手机等电子产品）数据、饮食生活特征与家居数据、出行车辆等关系数据、社会交往圈的关系数据等进行比对的大型数据库。

六、物联网加快了在线实时识别、定位与计量检测装备的创新发展

在线实时可视化识别、定位与计量检测装备发展，源于电子信息技术的创新突破。随着网络应用的发展，关于重量、温度、湿度、浓度的数字化计量技术迅速获得了突破，并得以在智能感知领域广泛应用；关于长度、宽度、高度的数字化计量与反映时间、空间的位置动态变化的时空位置定位服务与计量技术，各类远红外、高清成像技术、电子射频传感等技术的大量出现，形成了可视化的定位、计量、检测技术集群，改变了过去定位与检测单纯依赖物理与化学分析的方法，从而为在线实时可视化定位与计量检测装备的发展奠定了坚实的基础。

在线实时可视化识别、定位与计量检测装备的发展，还得益于网络产业应用需求的拉动。化工、建材、皮革、印染、造纸、钢铁等制造工业，尤其是流程工业的绿色、安全、节约的制造过程控制，特别需要相应环节进行实时可视化的计量与检测；各类

工程建设，尤其是大型、复杂环境的工程施工，同样需要实时与准确的定位与计量；智慧交通，对油、气、水、电等管网的安全监控同样需要实时的定位计量装备；室外的大气雾霾、河流水质、土壤分析的环境检测，无论是正常天气还是恶劣天气，都需要精确的检测数据；人们的会议、上班出勤登记、食品药品的便携式检查，同样需要精准与可靠的检测装备；从农业的棉花采摘、西红柿采摘到茶叶采摘的智能采摘机、自动化的机器人，同样需要准确、可靠、高水平的色彩辨识与计量定位技术。物联网的出现，扩大了在线实时可视化检测定位装备的应用领域与市场，改变了原有的检测定位模式，提升了可视化实时定位检测的要求，凸显了发展可视化实时定位检测装备的重要价值。

在线实时可视化定位检测装备的发展意义重大，附加值高、技术水平高、市场容量大，关系到物联网的应用，是物联网产业链中的相对"短板"，因此要大力发展。要加强在线实时可视化定位检测的技术创新投入、力量投入与注意力的投入，抢占这个领域自主创新、物联网产业命脉的技术制高点；要立足于应用促发展，充分发挥市场机制对企业技术创新的激励作用，完善鼓励做强产业链的政策，引导企业大力发展专用的过程制造实时可视化计量定位检测装备，推动石化、医化、造纸、印染、皮革等网络成套制造装备向绿色、安全、节约方向提升；大力发展油、气、水、电的专用可视化的分段计量、检测与适度控制装备，为智慧油、水、气、电、管网的应用提供保障；要大力发展实时可视化的复杂环境定位检测装备，与环境检测物联网加以集成，为人民群众提供准确的环境检测报告服务，食品、物品安全检测监管服务，更加方便可靠的医疗健康保障服务等。总之，要抓住机遇，重视"短板"，加快创新，促使在线实时的可视化的定位检测装备产业更好更快发展。

第四节　物联网促进了市场的全面升级

党的十八届三中全会通过的《关于全面深化改革若干重大问题的决定》指出，经济体制改革的核心问题是处理好政府与市场的关系，发挥市场在资源配置中的决定性作用和更好的政府作用。

发挥更好的政府作用，要加强对市场的作用与作用规律的学习研究。不懂得市场，就无法真正懂得什么是"更好的"政府作用。毛泽东同志曾经说过，"价值规律是一所大学校。"也就是说，要学习市场知识，掌握并自觉遵循市场经济规律，才能发挥更好的政府作用。认为充分发挥市场配置资源的决定性作用，就可以放松对市场知识、市场规律学习的想法是不对的。学习市场，了解市场，尊重市场，才能驾驭市场，并弥补市场的不足。

一、物联网带来的是消费、投资、出口市场的全面升级

（一）物联网带来了消费市场的升级

要满足经济学上讲的"需求"，需具备两个基本条件：一是具有支付能力；二是具有满足需求的产品、装备与服务的供给，二者缺一不可。物联网的发展，提供了满足新需求的产品、装备与服务，创造了新的市场需求，从而引发了市场的升级扩张。

物联网的发展，使新消费品种齐全、规模巨大，创造了从物质到精神的新型市场。首先，各类物质消费市场得到了扩张。如通过网络手机控制的新一代空调、家居安全防护的新一代安防装备，针对老年人护理照顾的智能装备，还有满足人们健康需求的各种智能健身装备、保健理疗装备、不断换代的各类电子装备等。其次，发展满足精神需求的网络服务市场。满足人民全面发展的需求，应运而生的是网络在线知识学习、考证培训，让人们获取新知识更方便，学习提升技能更有效，支付执业资格证书培训费用更自觉。满足人们精神需求的，有文化娱乐、网络电视、在线阅读、在线音乐、个人与家庭的照片、资料数据的云存储服务外包。随着监管的加强，云存储服务市场还会继续扩张。最后，网络还提升了传统服务业。如网购的发

展，提升了传统商业；互联网金融，引领着传统金融的创新；网络购票，拓展了传统客运市场；"智慧旅游"，开发了更多的旅游客源；智能护理，加快了护理市场的发育；智能陪护，细分了老年人等不同人群的陪护市场，促进了老年人等不同人群陪护市场的发展。

（二）物联网带来了投资市场的升级发展

智能化、网络化、服务化、绿色化的物联网装备与服务，启动了新一代投资市场。

首先是对已有装备的更新改造。用现代的制造方式替代传统的人工制造、半机械化制造与机械化的制造，拓展了巨大的投资市场。出于降低制造成本、提高产品品质、降低物耗能耗与污染处理成本等考虑，进行现代化技术改造成为各类企业的共同选择。据浙江省2013年对企业"机器换人"（其实质是现代化技术改造，大家通俗地称为"机器换人"）的调查，一些原半机械化的冲压、打磨、铆焊、上涂料等环节的"自动化机床＋机器人"的更新改造，改善了劳动条件，保障了员工的生产安全与职业健康，还获得了很高的投资回报。有的一年左右就能收回投资，一般的投资回报率也在30%以上。"无操作人员车间"、"无操作人员工厂"模式的"机器换人"，虽然投资回报率相对低一点，但也能达到 15%～20% 以上，比起其他领域的投资，回报率高出很多；而且其投资的装备与系统，服役时间相对比较长，相当合算。据 2013 年浙江省工业投资的统计，企业"机器换人"的更新改造投资达 5 000 亿元，已占全部工业投资的 60% 以上。

其次是增加了新上项目的投资。物联网装备的投资成本相对较低，获利能力又相对较高，这激发了上新项目、建新工厂、上新工程的投资兴趣。物联网启动的是"服务与装备一体化"的投资市场，这不仅刺激了制造企业的投资，而且也刺激了各类事业单位、城市政府在公共服务等方面的投资。

（三）物联网带来了进出口市场的升级

智能化的产品与装备，往往具有节约利用能源与资源的功能，不仅提高了我国产品与装备的国际市场竞争力，也为开发发展中国家的装备市场创造了机遇。原来只为国内市场生产装备的企业，已开始转向国内外市场的一并开发。原来专做一般消费品进出口贸易的大型进出口贸易企业，有的已开始组建技术装备研究院，建立装备工程公司，开发"技术创新研发＋装备工程施工＋国内外市场营销"的新业务。这种技术贸易、工程服务、货物贸易相结合的新型贸易公司，将谱写"科技兴贸"的新篇章。

消费、投资、出口是推动经济发展的"三驾马车",三者协调推动增长,是转变经济发展方式的内在要求与重要内容。我们应该充分利用物联网带来的宝贵机遇,切实抓好经济发展方式的转变。

二、关键要加强"两个开发"的工作

我们要清醒地认识到:物联网带来的市场,无论是消费市场还是投资市场,无论是出口市场还是进口市场,都是升级版的新型市场,是消费升级、投资升级、出口升级的新型市场。利用好这个新型市场,关键在于抓好技术开发与市场开发的工作。

加强技术开发,重点要提高物联网的产品、装备、软件、工程设计施工、各类网络服务的供给能力。提高企业的竞争力,就要提高企业网络的技术创新能力。首先,要引导企业树立"创新驱动发展"的理念,提高对物联网技术创新的组织能力、协调能力、决策能力。其次,要引导企业加大技术创新的投入,引进网络、电子信息技术等领域的优秀人才,加强一流实验设备的投资,加大研发环节的投入。最后,要深化体制创新,努力营造尊重人才、激活创新的小环境。"鼓励创新、尊重创新、投资创新、支持创新、服务创新"的氛围要更浓厚,体制要更完善,激励机制要更管用，要充分激活创新的每一个细胞。

　　加强市场开发，就要加强商务模式与商务方式的创新。在商务方式创新方面，要充分使用多媒体技术，以新的方式对产品、装备的功能进行宣传；要以各种方式，鼓励顾客加强对智能产品装备与服务的体验；要通过对产品装备与服务的示范、组织对典型工程的考察等手段，加快客户对智能产品、新型装备、新型服务的认知与认同。在企业内部，还要抓好营销队伍的建设，充实营销工程师的力量，从单纯的商业营销向商业与技术服务结合型营销转变。

　　成功的技术开发，高效的市场开发，这是促进物联网市场开发的两翼，缺一不可。

三、真正做好开放促发展的文章

　　开放的核心，实质是市场的开放。明、清两代的"海禁"，禁住了我国的进出口市场，禁住了货物贸易、服务贸易与技术贸易的市场。这使我国错过了第一次技术革命与制造业产业革命的两大机遇，导致了近代中国积贫积弱的发展局面。邓小平同志认真总结国内外发展的经验教训，创造性地确立了我们的基本路线，明确了坚持四项基本原则是立国之本，坚持改革开放是强国之路。同时，把开放与改革相结合，做出了开放也是改革的重大论断。在贯彻党的十八届三中全会精神中，我们要全面深化改革，自觉地一手抓改革，一手抓开放，并力求两手配合、互相促进。

开放促发展，就是要利用市场需求促发展。要做好市场换技术、市场促要素引进、市场促产业升级的文章。顺应物联网发展的大势，浙江省工业现代化技改，也就是大家通俗讲的"机器换人"，2013 年的装备购置费已超过 2 900 亿元。据初步测算，从 2014 年开始以后的 10 年内，浙江省每年工业技改装备购置费至少能保持 3 000 亿元，这是一个不可小视的大市场；我国进口核心芯片，保持了每年 20% 以上的增速。这些市场足以让国内外高科技企业垂涎，也为我们引进人才团队、引进先进的企业与项目，推动民资开展新型创业提供了足够的砝码。开放促发展，关键在于"促"字，所以要做好"促"字的文章。我们不能白白把市场拱手相送。要大力宣传"靠近市场生产、挨近客户服务"的理念，加强高科技招商与高科技创业两项工作，明确重点招商的目标，建立高科技招商的队伍，形成巨大的鼓励科技招商、助推科技创业的热潮，切实加强人才团队的引进，抢占物联网的技术、产业、市场的制高点。开放有没有引进人才、引进技术、引进高科技项目，是否抢占了技术、产业、市场的制高点，这将成为衡量开放是否成功的基本评价标准。对于这一点，我们应该有也必须有这种"精明"。

开放可以促进经济发展，这是规律，但不能简单地理解。世界上许多国家的发展也证明，那种不做"促"和转化，简单化的开放或者浅层次的开放，只能一放了之，不一定能够真正促进自身的发展。有些欠发达国家简单化的开放或者浅层次的开放的结果表明其资源被掠夺了，市场被占领了，环境被污染了，先进产业发展的机会又被国外封堵了，本国的就业机会也被挤压了。

在物联网带来市场升级发展的同时，研究开放促发展的命题十分必要。从眼前与长远、从根本与表层结合的角度看，就是要注意做好"进出口总平衡利我"的课题，防止"进出口总平衡损我"状况的发生。同理，要做好"引进来、走出去总平衡益我"的课题，防止"引进来、走出去总平衡亏我"状况的发生。不仅仅是对境外、国外开放，而且对省外开放也一样。在浙江商人（以下简称浙商）名满天下、誉满全国的背景下，浙商的"出去"与"回归"，也要力求"利我、益我"，防范"损我、亏我"。

四、努力实现摆脱国际金融危机的跨越

2008 年由美国次贷危机引发的国际金融危机，造成的最大危害是市场需求不足。久久不能摆脱这场危机的原因是：原有的市场增长动力不足，而新的消费、投资、出口升级的市场，也就是能刺激新一轮扩大需求、持续增长的市场又久久没有出现。

　　牵牛要牵牛鼻子。要摆脱国际金融危机的不利影响，实现跨越发展，必须着眼于创造新的市场需求，必须寄希望于升级版的市场。现在，物联网创造了升级版的市场，我们要好好地加以利用。当然，在实际运用中，一方面要尽力稳定原有的市场需求；另一方面要加紧培育物联网创造的巨大的投资、消费、出口的升级版市场，要逐渐实现升级版的市场对原有市场的替代。

　　物联网市场是消费升级版的市场、投资升级版的市场、出口升级版的市场，是当前与未来推动技术升级、产业升级、市场升级的最重要力量，是产生新型货物贸易、服务贸易、技术贸易的动力，是一个可持续升级、可持续增长的市场。当手机网控空调诞生之后，80 后新生代的客户会像换手机一样，毫不吝惜地换下购置不久的传统的室内遥控空调，这个例子很有象征意义，因为80 后已逐渐成为当前消费市场的主力。

　　物联网有两个最伟大的贡献（当然不只限于这两个贡献），其中之一就是有望促成这场已延续了多年的国际金融危机一波一波影响的逐步结束，但我们不能坐等。抓住物联网的机遇，各国都在竞赛。我们也要把握好这个机遇，利用好、开发好物联网带来的升级版市场，做好市场应用促创新、应用促要素引进、应用促创业、应用促升级、应用促发展的文章，谱写开放促改革、开放促发展的新篇章。

第五节　物联网催生了制造方式的工业革命

物联网是一个产业，同时又是一种新型的制造方式，这是物联网最伟大的一个贡献，它有望实现工业制造方式的又一次革命，使工业从机械化、电气化的制造方式，发展到由网络管理或控制的精准化的制造方式。

一、对现有工业制造方式困局的反思

人类社会的发展总是按照自身规律进行的，其中包括否定之否定的规律。

工业化给人类社会创造了比农业社会更多更丰富的产品、财富，给人们带来了更有品质的生活与享受。"无农不稳、无工不富、无商不活，"曾作为经典迅速传播。但随着技术进步的加速，工业化由初级阶段进入中、高级阶段之后，人们突然发现，工业化带来的可持续发展问题随之产生，且越来越严重：

一是工业消耗的资源与能源越来越大、越来越快。现在一年工业消耗的矿石、水资源、石油、煤炭、天然气等是工业化初期的十几倍，少数品种甚至是几十倍，而地球存有的各种资源、各种能源越来越少，少数品种即将枯竭，因石油这种兼有资源、能源双料性质的物质而引发的国与国之间的争端也不断加剧。

二是工业生产造成的各种污染越来越多，对环境与气候的影响越来越大。水的污染面积越来越大，水质越来越差，雾霾的天数越来越多；喝上干净的水、呼吸清新的空气、吃上放心的食品、保持健康的身体，成为人们日益关心与关注的事情。某个化学医药生产企业集中的地方，当地老百姓甚至喊出了"与恶臭为敌、为生态而战"的口号，因环境引发的群体性事件不断增加。

三是因区域工业的发展差别，导致区域、城乡经济发展的差别越来越大。一些农民背井离乡到发达地区、到城市打工，从事辛苦甚至肮脏、危险的工作，新一代农民工进城定居、争取平等地位的诉求越来越强烈，劳资纠纷增加，保持社会稳定、和谐的挑战加大。

四是从事一般制造业的企业，原料成本、能耗成本、污染治理成本、工资成本和财务成本不断增加，比较利润率不断下降，工业制造企业发展面临的内外部环境挑战越来越大。现实的矛盾、诸多的问题，加上某些误导，"工业"一下子成为消耗资源、污染环境、影响和谐的代名词。办工业太污染"不值得论"、搞工业太辛苦"不合算论"、做工业不如做其他产业的"去工业论"一时占了上风，工业的发展陷入"左不是，右也不对"的困局。

引发对工业再认识的是 2008 年爆发的国际金融危机。最早引发国际金融危机的美国，制造业占全部 GDP 的比重还不到 30%。在探求这种国际金融危机发生原因的过程中，人们逐渐发现导致美国爆发国际金融危机的轨迹：（1）因为工业发展遇到的矛盾、问题太多，加上争夺石油资源的付出巨大，因此美国在政策导向上偏向于鼓励发展服务业，本国居民需要的日用工业品则主要通过进口来解决，意图把制造日用工业品的资源消耗、环境污染转嫁给制造业国家，这也是导致美国后来再次转向再工业化的原因之一。（2）在美国服务业的构成中，由于金融业的地位较突出，更由于美元在国际金融中的支配地位，美国的政策又很自然地侧重于鼓励发展金融业，这又不断地巩固与强化了其在国际金融市场的霸主地位。（3）在金融业的发展过程中，最有作为的又是投资业务。投资领域的利润占全部金融业利润的 60% ~ 70%，直接投资与间接投资成了"摇钱树"。因此在金融业的发展中，投资又成为各种资金的自然优选的领域，投资活动的重心是股票市场。投资的成果要通过股市来评价，投资的回报要通过股市来实现，所以一切投资的动机围绕股市转，一切投资的计划围着股市谋，一切投资的资源围着股市用；投资市场曾一度成为"金融工程专业人才"呼风唤雨的地方。（4）由于美国国际金融霸主地位的利益驱使，加之金融监管体系不适与缺失，美国金融系统向不够条件、还贷能力差的客户大规模放贷，而且这些贷款被不适当证券化，使各种证券的投机操作越来越活跃，过滥证券化、过度证券化问题开始产生，泡沫在累积，危机在发酵。当美国发放的"次级贷款"还债难以为继时，这场席卷全球的国际金融危机就被引爆了。过低的"次贷"、过滥证券化、过度证券化、过分投机、过度的监管缺失，这五个"过"是美国引发这场国际金融危机的教训所在。集中到一点，就是纵容了"过错的信贷"、"过分的投机"，其实质是信贷与投资活动离实体经济活动越来越远。因此，这次国际金融危机是忽视实体经济发展的金融危机，是一场过度"脱实向虚"的金融危机。

这场国际金融危机的教训使我国更加重视实体经济的发展，尤其是工业制造业的发展。但原有工业生产存在的问题依然存在，由此又引发了对工业困局如何再认识、如何再破解的思考。经过多方的论证，最后的结论是：（1）关于对资源与能源利用不足的原因，有两个方面：一是资源、能源的浪费首先是在矿产资源开发中，有的开发率只有30%左右，大多都在50%以下。二是制造环节的浪费。制造环节的利用率一般在30%～50%，部分环节在60%以上。如果能提高资源的利用率，制造业还是大有可为的。（2）造成环境污染的主要原因是资源能源的利用率太低。资源能源的利用率越低，浪费就越大，排放就越多，治理污染的成本就越高。最好的出路是提高制造环节的资源与能源的利用水平，杜绝浪费。（3）工业发展的困局不在于制造什么，而在于用什么方式去制造。只要能够找到非常高效地利用资源、非常节约地利用能源，又能"零排放"的制造方式，现有工业制造遇到的问题就可以迎刃而解。（4）由大数据、云计算的"云脑"代替"人脑"的网络制造方式，是可以实现上述要求的精准制造方式。化学制药厂排放的臭气，源于落后的制造方式，而不能简单地归结于制药本身；发达国家在环境优美的景区都有制药厂，不能把落后的制药方式"这盆污水"同制药产业"这个孩子"一齐倒掉。精准的制造方式能最大限度地利用资源，最大限度地利用能源，最大限度地减少排放，是几近于"零排放"的低碳、绿色的生产方式。这种制造方式就是工业物联网的制造方式，这些结论促使美国下决心要进行"再工业化"。

另外，人们还发现，物联网的制造方式是将"虚实融为一体"的发展模式。信息化与工业化的深度融合，是一种把虚拟经济与实体经济融合为一体的发展模式。如前所述，物联网是融装备的货物贸易、网络的服务贸易、高档芯片与云计算技术等技术贸易为一体的发展模式，这就是典型的"虚拟经济与实体经济融为一体"的最好的发展范式。如果我们能从这个角度去理解我国的"信息化与工业化深度融合的实现方式"，那将是一件有重要意义的事情。

二、对新的一次工业革命的认同

当前，国际范围内的一场新科技革命正在孕育兴起，以大数据、云计算与物联网、互联网共同形成的网络智慧技术取得了重大突破，带动新材料技术、生物技术、新能源技术与各种工程技术迅速发展，显示了巨大的应用前景。

新科技革命日新月异的发展，引发了新的一场工业革命的研究与实践。

（一）学界：出现了"第三次工业革命"研究热

2011 年，美国宾夕法尼亚大学教授杰里米·里夫金出版了《第三次工业革命》的专著。他提出了"能源互联网"的概念，认为第三次工业革命是由"新能源+互联网"催生的，分布式的新能源生产、分布式的能源利用（加上储能技术的应用），可以通过互联网来实现；分布式的能源，又主要通过网络分布式协同制造与生活、办公消耗加以利用。因此，第三次工业革命是在互联网管理之下的，包括分布式新能源生产、分布式工业制造、分布式能源生活与办公消耗为一体的工业革命。他认为，这场工业革命在中国最有希望。

　　美国奇点大学维韦·沃德（Viver Wadhwa）教授在《华盛顿邮报》撰文指出，"将人工智能、机器人和数字制造技术相结合，会引发制造业革命。"并且他认为，这样的制造业革命将有助于美国与中国进行制造业的竞争，让美国夺回制造业的主导权。

　　2012年4月21日，英国《经济学人》杂志发表了题为"第三次工业革命"的专栏文章。文章认为这次工业革命以制造业数字化为核心，生产过程通过办公室管理完成，产品更加接近客户需求。这其实是说，产品可由客户参与定制（个性化）；生产过程没有一线的操作工人，全部由数字化、自动化、网络化来实现；企业的工人只在办公室里上班，负责监管。

　　2012年9月6日，英国《金融时报》刊登了题为"新工业革命带来的机遇"的专栏文章。其主要内容是，由于3D打印技术的出现，一场新工业革命可能正在到来。由此，提出了"堆积法制造"是一场新的工业革命的构想，即"网络技术管理＋3D打印设备＋新材料"的制造模式。

　　中国《求是》杂志2013年第6期组织了一批专家进行专题讨论，发表了中国人民大学教授贾根良、中国社会科学院工业经济研究所所长吕铁、中国电子信息研究院院长罗文的文章，专题讨论的主题是"新一轮工业革命正在叩门，中国准备好了吗？"

（二）政界：各发达国家陆续开展了新的工业革命部署

美国总统奥巴马提出并进行了"再工业化"的部署，在2011年6月美国正式启动了"先进制造伙伴"，同年12月宣布成立制造业政策办公室，2012年2月制定了《美国先进制造业国家战略计划》。

欧盟于2010年制定《欧盟2020战略》，把《欧洲数字化议程》作为七大行动计划之一，加快实施《竞争和创新框架计划》，在柏林、巴黎、赫尔辛基等地组建6个知识和创新联合实验室，重点支持信息技术创新应用。

英国出台了《低碳工业战略》，旨在重建核电优势，削减对石油的依赖，从而向低碳经济转型。英国将发展低碳经济作为国家战略，明确了发展低碳经济路线图，并动员政府、企业和公众等所有力量，采用行政、经济、技术、宣传等多种综合手段，大力推动低碳经济发展。

芬兰出台《21条和谐芬兰之路》、《TCT2023年计划》，以推进网络化协同创新为重点，率先在欧盟实现研发（R&D）支出占国内生产总值（GDP）3.5%的目标。芬兰的装备、化工、服装、钢铁企业在智能化、绿色化、服务化转型中实现了稳健增长，占芬兰出口比重达20%的纸浆、15%的化工产业的制造全部实现了"零排放"。

　　德国在 2013 年 4 月汉诺威工业博览会上正式推出"工业 4.0 战略"。该报告认为，人类的第一次工业革命始于 18 世纪，以蒸汽机为动力的纺织机械彻底改变了纺织品的生产方式；第二次工业革命始于 19 世纪末 20 世纪初，采用电动驱动实现了大规模生产；第三次工业革命始于 20 世纪 70 年代初，电子信息技术使制造过程实现了自动化；目前正发生的是将物联网和服务网应用到制造业的第四次工业革命。"工业 4.0 战略"的主要特征是把企业的机器、存储系统和生产设施融入虚拟网络与实体物理系统（CPS），从根本上改善包括制造、工程、材料使用、供应链和生命周期管理的工业过程。说到底，就是由工业物联网进行工业的精准制造。

　　总而言之，无论是学界正是政界，虽然对第三次或第四次工业革命有不同侧重的表述，但其共同点都认为这次工业革命是数字化、网络化制造方式的革命；无论是英国提出的第三次工业革命，德国推出的"工业 4.0 战略"，还是美国提出的"制造业革命"，围绕的主题都是工业制造业，所采取的主要手段都是将新一代网络技术应用于制造过程，并融入制造的产品与装备之中，使其制造的产品、装备能由网络控制，从而能更加节能与健康安全。

三、网络（物联网）精准制造方式的革命

　　大数据、云计算、物联网、互联网新技术的突破，催生了精

准制造方式革命，这就是网络精准制造方式的工业革命。其本质就是制造过程由工业云与网络、智能装备管控，工业物联网成为主要制造方式。由于企业的具体情况不同，各行业的发展要求也不同，因此不同类型不同水平的网络精准制造方式应运而生。

（一）网络制造方式的构成

1. 工业设计、创新设计是网络制造方式的龙头

工业设计从外观设计不断向产品、装备的功能设计、结构设计、技术的利用设计延伸，把"产品与装备的硬件＋技术与软件"设计成为一体，把产品的设计与制造方式的设计合二为一；创新设计更是把整机的制造设计与各类组件、部件的加工图设计集为一身，且把这种设计的图纸数字化，把发送传输方式网络化，因而一下子成为工业制造过程的重要部分、网络协同制造的依据与龙头。

同时，由于网络技术的发展，在网络设计软件的支持下，各种产品的设计相对简化，客户参与设计成为可能；制造过程的网络化，组成产品的各种组件、部件设计实现了模块化、数字化。数字化的每个组件、部件加工图的发送就像手机发短信那么简单。因此，以设计为龙头的网络协同制造模式应运而生。

最典型的案例如"小米"，这家企业没有自己的工厂，只有1 500人搞研发设计，还有2 500人开展网络营销，但"小米"

公司却形成了由网络设计手机，网络组织小米手机、小米电子产品的制造，并由网络进行销售的模式。工业设计与自动化制造相结合的模式，十年前就开始在浙江绍兴（现为柯桥区）出现。有一家企业化运作的纺织面料设计中心，正式的名称叫纺织（设计）创新服务中心，它为众多中小纺织制造企业提供各种产品设计，设计完方案后让客户直接看样订货，设计结果通过软盘直接插入数字化加工制造装备或自动化生产线，形成了"快速设计＋快速生产"的制造模式，很有活力。

需要注意的是，工业设计、创新设计是网络制造的组成部分。因此，这与创意产业是不能等同的。

2. 具有网络接入功能的智能化制造装备

原中国工程院院长路甬祥院士对智能化制造有非常精彩的描述：智能设计/制造信息化系统是一种由智能机器和人类专家共同组成的人机一体化智能系统，它在制造过程中能进行智能活动，诸如感知、分析、推理、判断、控制、构思和决策等。通过人与智能机器的合作共事，去扩大、延伸和部分地取代人类专家在制造过程中的脑力劳动，提高制造水平与生产效率。它把制造自动化的概念更新，扩展到柔性化、智能化和高度集成化[①]。

---

① 资料来源：路甬祥，走向绿色和智能制造——中国制造发展之路，中国机械工程，2010（4）：379～386。

新一代的网络制造装备，不仅自身具有智能制造的能力，同时又具有无线网的接入功能，形成了貌似独立、实则为网络制造方式组成单元的特点。它可以是"一台机床＋一个机器人"组成的一个网络化的制造单元，也可以是"一组机床＋一组机器人"组成的一个网络化的制造单元，灵活性大，为分布式的网络协同制造添加了新的适应能力。这种制造方式的价值在于社会化的分工协作，可以为加盟某一紧密型产业联盟的个体工商户、小微企业提供参与制造的机会，特别适宜于环境、安全问题极少的行业，也特别适宜于小微企业多的地区。

3. 自动化的生产线

通过泛在网协调的每一条自动化生产线，都是网络精准制造方式的组成部分、一个具体的制造单元，"自动化生产线＋机器人"，也是这样的一个网络制造单元。

4. 物联网工厂

物联网工厂往往用于造纸、印染、化工、钢铁热轧、化学医药等容易污染的制造行业。通过物联网的控制技术、数字化的实时计量检测技术、智能化全封闭流程装备的自控技术的集成，能够对每个阀门、每一台机器、每一个生产环节进行精准控制，防止泄漏，防范事故。在云计算支持的物联网生产、经营的系统管控下，实现信息化的计量供料、自动化的生产控制、智能化的过程计量检测、网络化的环保与安全控制、数字化的产品质量检测

保障、物流化的包装配送，确保了全过程、每个环节的精准生产
与管控。这个网络制造系统，即使个别环节有泄漏，也可以及时
发现，上道环节会通过内置的芯片进行自动调控，包括中断供应
与停止生产，控制泄漏量的继续增加，避免环境污染与安全生产
事故的发生，实现"微泄漏"与"零事故"。

（二）网络制造方式的分类与具体形式

网络化制造方式，是实现精准制造要求的一种革命性的方
式。具体有两种基本的类型：一是在同一个厂区里，通过机联网
或厂联网，由云计算平台统一管控每台机器、每条生产线，进行
精准制造，这是物联网工厂的模式；二是在不同地区的企业或同
一地区的不同企业之间进行的，这是网络的协同制造。欧洲空客
公司的大飞机就采取了这种世界性、分布性的网络协同制造模
式，许多跨国大公司也采用了这种网络协同制造方式。但是对于
大多数非跨国公司而言，对于像中国这样的发展中国家而言，网
络协同制造的模式大多采用了以局域网为主的物联网协同制造模
式，物联网的协同制造模式有更广泛的适应性。网络统一管控制
造与网络组织的协同制造可适用于不同的制造组织架构。

由网络组织协同制造，可以通过泛在网接入一台至几台机器
形成制造单元（小企业），也可以接入一条至几条自动化生产线

形成制造单元（企业），还可以接入若干个物联网工厂。它适应性强、效率高、成本低，是一种先进的制造方式。了解这些，有利于我们消除对网络制造方式神秘感与高不可攀的误解。

（三）网络制造方式的特点与作用

网络精准制造方式发展了新型工业，颠覆了工业就是消耗资源、浪费能源、污染根源、危险之源的结论，为否定之否定规律再次提供了良好的注解。网络精准制造方式的特点与作用见表1-5。

表1-5　网络精准制造方式的特点与作用

序号	特点	作用（意义）
1	精准利用资源与能源的制造	实现了资源能源的最充分利用
2	绿色与安全的制造	保障了环境友好、社会和谐
3	个性化、协同型的制造	客户可以参与设计，与厂商协同合作，减少了客户对厂商的投诉
4	硬件与软件融合为一体的产品制造	促进了高技术、高增值产业的发展
5	制造、工程、运维融为一体的服务型制造	产生了货物贸易＋服务贸易＋技术贸易为一体的新型商务模式

四、网络精准制造的实质是发展新型制造工业

网络精准制造方式的革命，包括美国的再工业化、德国的

"工业 4.0 战略"，其实与我们中国的新型工业化是一致的，就是信息化与工业化深度融合的新型工业化。新型工业化包括两个基本方面：一是产品与装备的信息化，或者说产品与装备的智能化、网络化与绿色化。二是制造方式的信息化、网络化。只不过要注意对信息化进行不同阶段的区分，不能停留在初级阶段的理解上，现在，信息化已进入网络化、智能化与云智慧技术的应用阶段。网络化的制造方式，必须有网络制造装备为前提，这二者之间是互促发展的。

因此，利用物联网的机遇，就是要坚定不移地走新型工业化道路，充分利用新一代网络技术的红利，大力发展"新型制造工业"，用"新型工业的制造方式"逐步替代"现有工业的制造方式"。关键要真正下决心、花力气走好新型工业化道路，务实推进"新型工业"的发展，不要等，不能拖，更不能因为知识能力的不足、缺乏担当而错失这个宝贵的机遇！

第二章 加快物联网产业的发展

推进物联网产业的发展，重在瞄准做强产业链的目标，加强产业链的垂直整合，加长"四块短板"，支持专用电子及软件产业的创新突破，推进网络装备制造业、软件及信息服务业的集聚集群发展，打造云服务示范基地，积极发展物联网基础支撑产业；积极推广应用物联网、大数据、云计算、移动互联网等技术，全面推进企业现代技术改造，大力开发智能化、网络化、自动化的新产品、新装备、新服务，带动产业技术创新和提升发展，为信息化与工业化深度融合添加新的动力，促进物联网产业又好又快发展。

第一节 发展网络信息技术产业
是重大战略抉择

一、发展网络信息技术产业的意义

重大战略抉择是指对一个国家和地区来说，能够决定其一个时期与一个历史阶段的国际地位的决策。重大战略抉择的一个标志是能够迎接大挑战、把握大机遇、改变大格局、形成大品牌、推动大发展。对于各个地区尤其是各高新区而言，产业发展战略定位就是发展中的重大战略决策问题。我认为，有条件的高新区应将网络信息技术产业作为重点发展的产业方向。

（一）从科技和产业革命的机遇看，发展网络信息技术产业是一次重大战略抉择

现在有很多人把科技革命和产业革命区分开来，这是不符合发展规律的。全国科技创新大会明确提出，深化科技体制改革的中心任务就是要解决科技与经济两张皮的问题。从科技进步史

看，科技创新都是为了发展新兴产业而进行的创新，离开经济去抓科技，或者说离开产业去抓科技是抓不好的。要正确处理好两种关系：一种是科技与经济的关系，或者说科技与产业的关系，科技体制改革的重点就是要解决好这个问题；另一种就是市场无形之手与政府有形之手之间的关系。据统计，2011 年全国科技研发投入 8 500 多亿元，居世界第二位，但是在研发的产出即在推动产业发展、经济发展方面是否起了与之相应的作用呢？美国专家认为，中国虽有那么多经费投入科技研究，但并不可怕，因为没把钱花在刀刃上，因为缺乏科技有效投入的产出机制。美国思科公司 1984 年成立，起源是男女两个年轻人在谈恋爱时希望能经常联系，不经意就发明了一项技术——路由器，这是互联网的开端；到 1999 年市值已达到 5 300 多亿美元，每股 83 美元；2000 年网络科技泡沫破灭时每股价格掉到了不到 8 美元；11 年过去后，思科 2011 财年营业收入达 432 亿美元。华为 2011 年营业收入为 320 亿美元，但它是 1989 年创立的，经过 20 多年达到同样的水平。因此，对科技体制改革工作，中央为什么这么重视，实际上是中央看到世界范围内的大趋势：新的科技革命与产业革命的互动时代已经到来或即将到来。现在有两种观点，一种观点是科技革命和产业革命已经到来，新一轮产业革命是 2005 年开始的，现在还在发展过程中；另一种观点是目前正处于产业变革前夕，但是科技革命已经到来。不管怎样判断，我们都要抓住这个机遇。

从科技发展来说，我们面临的主要有网络信息技术、生物技术、新材料技术、低碳和绿色技术。在这四个方面的新技术之中，网络信息技术发展最快，渗透力最强，最具有变革性意义。生物技术特别是生物医药从研发到使用，没有 10 年是出不了新药，即使发展生物技术，从产业来讲也要与信息技术相配合才能发展。新材料技术需要重视和推进，但产业化相对较慢。低碳和绿色技术实际上是组合型技术，综合性很强，主要依赖的是网络信息技术与网络产业。

对于新的工业革命，也存在两个代表性的观点：

其一，欧洲的观点是第三次工业技术革命就是以网络信息技术为代表的网络化、智能化制造方式的革命，因此欧洲先后两次部署网络信息技术规划，把网络信息产业发展作为迎接新的工业革命的一次机遇。欧洲提倡绿色低碳技术，主要就是推广网络制造方式。

其二，美国学界的观点，杰里米·里夫金在其著作《第三次工业革命》中提出，第三次工业革命是建立在新一代互联网基础之上的、以新能源为主要内容的革命。他认为，能源生产方式、输送方式、储存方式、利用方式乃至人们的工作方式、生活方式全都发生了改变。以大电厂为主的能源格局变成分布式的电厂为主的能源格局，比如屋顶太阳能、风电、水电和生物质发电。屋顶太阳能发电，自发自用，多出来的电可以卖给电网，电不够用了从电网购买。这样，形成了电的生产方式、输送方式、储存方式、利用方式的改变。因此所有的装备都要重新制造，这就形成了新的工业革命。同时，需要智能电网来支持。智能电网是基于新一代互联网的，与分布式电源生产与分散式不规则用电相适应的局域网。所以，发展智能电网，又与网络信息技术产业的发展联系在一起了。为什么说这是工业革命呢？例如电表变了，现在的电表是单向计量的，以后是要能双向智能计量的，送进和送出都要计量，这就导致电表的制造要进行创新。同样，发电方式、供电方式、用电方式、输电方式、配电方式等相应的装备也要重新制造，而且制造方式也将改变，因此可能引发一场新的工业革命。从中可以看出，国外科技与产业是结合在一起讲的，是把工业革命和智能电网的技术联系在一起的。从更大范围来看，制造业的革命和服务业的提升，都要依赖网络信息技术与网络信息技术产业的发展才能实现。国内有一本名为《中国机械工程技术路线图》的书值得我们注意。现在国内大多数人对新的工业革命还没有引起注意，但这本书已经注意到并作了系统全面的介绍。

我们要正确理解全国科技创新大会的精神，要解决科技和经济结合的问题，就要站在把握新的产业革命的机遇之上。如果我们不能抓住这次产业革命的机遇，抓住科技和产业联动革命的机遇，中国有可能还会重复中国清朝末期落后挨打的教训。因此，要站在一个更高的高度上去认识这次产业革命。如果说1978年的改革开放是中国发展的重大抉择的话，这次世界性的新的产业革命实际上又是一次决定着每个国家与地区国际地位的重大战略抉择，其重大意义并不亚于1978年实行的改革开放决策。这对我们是一次很重要的历史考验，希望能好好地把握住这个机遇。

我们要从新的产业革命这个角度去理解美国的再工业化。美国再工业化的实质是新兴产业发展的再工业化，实际上是顺应新的产业革命的工业化。这恰恰与国际网络智能制造、数字制造、3D打印机发展、信息化进入智慧发展阶段的总趋势相适应。新的科技与产业革命的时代已经到来。综上所述，可以发现，所有的技术革命与产业革命都是以网络技术与网络产业作为基础或主攻方向的。因此利用好产业革命的机遇，就要利用好发展网络信息产业的战略机遇。

（二）从解决中国及浙江省面临的发展矛盾的出路看，发展网络信息技术产业是一次重大抉择

我国及浙江省的主导产业主要是传统产业，是建立在传统制造模式之上的。目前传统产业的市场需求在减少，2013年上半年浙江省规模以上工业出口交货值5 142.7亿元，同比下降0.7%，由此导致了传统工业面临"市场需求萎缩、产能过剩、成本上

升、利润下降、收入贡献下降、资源消耗与排放过大"等问题。

　　浙江省做强传统工业要解决的问题有两个：一是制造模式落后；二是量大而不强。如何解决这些问题？浙江省委书记夏宝龙提出要抓好"机器换人"与"腾笼换鸟"的工作。实际上就是要大力发展现代工业，通过发展现代工业做强工业。例如，现在工业能不能不用那么多的人？这就要解决制造模式落后的问题。例如浙江桐乡一家纺织企业，对包装环节进行了改造，投入 2 500 万元，但每年节省工人工资 500 万元，5 年就可收回投资，投入产出的效益很高。况且每年员工的工资也在增加，实际收回投资更快。"腾笼换鸟"，也叫优化结构的产业革命（结构调整）。习近平总书记当年在浙江工作时提出的"腾笼换鸟"，是对转型升级的形象化表述；"凤凰涅槃"表达的是抓转型升级义不容辞的勇气、责任担当与目标追求。"腾笼换鸟"的内涵很丰富，具体应当包括产品换代（智能化升级）、机器换人（自动化和网络化）、制造换法（机联网与厂联网的绿色与安全制造）、商务换型（创新商业模式）、管理换脑（以智慧"云脑"替代"人脑"）等。突出的如富阳的小造纸、绍兴的小印染、椒江的小医化等，要抓紧抓好"腾笼换鸟"的工作。特别是椒江的老百姓把医化工业等同于污染产业，椒江医化的恶臭已经 10 多年了，他们提出要"与恶臭为敌、为生态而战"，对此我们要理解。但是只为生态而战是不够的，要发展新的绿色、生态、安全的制造方式；还要"换鸟"，不能只做医药的"原料"，换上价值高、污染低、消耗少的高档药、成品药。如果把现在有的医药企业都"战"没了，企业都跑到外省外国去了，那就不是"腾笼换鸟"了。要看到椒江医化的问题是在于落后的制造模式，而不在于医化产业本身。临海的华海制药、富阳的海正药业就是生产全封闭、过程系统控制、废弃物循环利用的一个企业，工厂没有排放废水、没有排放废气、没有排放废料。这是个好典型，我们已在全省全力推广。出路在于要用新的网络制造模式，实现生产与污染处理的网络化、智能化、自动化，这是浙江医化产业求生存、求发展的唯一出路。要下这样的决心，将浙江现在落后的工厂装备，用5年左右时间全部淘汰更新，人工的、半机械化的、不是自动化的设备都淘汰掉。这样将带来新的庞大的网络装备市场需求。服装、鞋帽等产业还可以继续发展，因为它们是易耗品，但要用新的网络装备、制造工艺、制造模式来替代传统的制造模式。浙江绍兴的纺织产量占世界的40%。同样，绍兴现代纺织机械和印染机械装备的需求量也占世界的40%，但大多为从德国、日本进口的设备。为了几亿元的纺织出口额，却把大量利润更加丰厚的现代纺织、印染装备市场拱手让给其他国家，这需要我们进行反思。

据报道，我国石油进口已经占到全部石油消耗量的50%以上，2011年超过50%，我们对国际能源的依赖性太强了。我国每年进口石油花掉的外汇是1 450亿美元；而进口软件、芯片的外汇达 1 500 亿美元，比进口石油花的外汇还要多。这是一个很大问题。因此，我们要想办法大力发展替代进口的装备制造业，尤其是与装备智能化、自动化相关的软件产业、网络信息技术产业。中国装备制造业的发展，在硬件上有差距，但主要的差距还是在"软件"上。扩大我国的内需，我国的企业必须与国外的企业争夺进口的内需市场，当然这可以不包括在中国的外资企业。把替代进口的装备市场争夺过来，这也是扩大内需。

我们的认识有一个误区，认为只有最终生活消费品才是内需，其实投资性消费市场也是巨大的内需市场。从这点上说，改革开放 30 多年以来，我国基础设施建设市场的开工规模可以说是世界第一，包括机场、高速公路、码头、地铁、城市化的基础设施建设市场，却没带动中国工程装备制造业的更好发展，不能不说是一个遗憾。如果说，过去我们产业底子薄、技术水平低、装备产业发展不起来还情有可原，但现在条件已改变，再不发展我们的装备制造业就说不过去了。现在浙江省的造船业就仅生产船壳，船里面的系统软件、仪器仪表、重要部件、船舶设计、动力设备都靠进口，这是不行的。装备产业的大规模突破性的跨越发展、装备软件的发展，实际上都给信息技术产业提供了巨大的发展空间。希望通过发展替代进口的网络装备制造业，带动浙江相关装备产业和信息产业的发展。

（三）发展网络信息技术产业是现代化发展的重大抉择

什么是现代化？浙江省党代会提出实现"物质富裕、精神富有"的现代化。希望大家重视"现代化"，"两富"必须讲，但不要忘记"现代化"这个词。现代化有它的内容和要求，最基本与最基础的是发展现代化的产业。产业的现代化与"两富"是相辅相成的，产业的现代化要求人们要有更高水平的科学精神和科学道德素养。现代产业可分为现代农业、现代工业、现代服务业、现代区域经济，包括网络经济。过去我们讲"四化"，农业现代化、工业现代化、国防现代化和科技现代化。这里有个核心问题就是，什么是现代化？工业由传统工业向现代工业转变，传统制造模式向现代制造模式转型升级，而转型升级的实质就是要从传统向现代转型或升级。我认为，网络信息技术是现代化的标志之一，也是实现现代化发展的重要手段。离开现代技术的进步与网络技术的广泛应用去谈现代化，很容易陷入空谈。

一是现代农业要靠网络技术与产业来武装。现代农业也叫精准农业，利用网络技术对农业的全部生产过程进行系统的服务与管理。重点是大力发展网络设施农业、网络管理的养殖场等。食品、药品安全解决不了的问题，发展精准农业就能解决这个问题。过去家庭联产承包责任制是责任到户，精准农业就是把各个生产环节的责任追溯分解到人。所有的生产环节包括育种、播种、施肥、治虫，用多少量、配方是否合理，都能记录在案、责任追查到人。药品也要通过网络信息技术建立科学管控体系。

二是现代工业要靠网络技术与产业来提升。现代工业是制造模式的革命，是制造方式网络化与智能化，生产过程的自动化，采购销售过程与网购配送的一体化。

三是现代服务业要借助网络技术产业来升级。传统服务业与现代服务业的一个显著区别就在于网络信息技术的应用。现代服务业，比如现代物流，不是有一个运输公司就可以了，区别在于信息化、网络化。如每个集装箱在航行船上的位置，几点几分到哪个国家的哪个码头，把东西卸了以后又放在哪个堆场？如果这些都能够通过网络信息技术来管理，就可以高效地利用。哪里有货要运回来，就直接安排停放在指定的地方，并由自己的集装箱装运，这可减少成本支出。现代服务业还包括现代金融、电子商务、现代化的物流配送、家政服务等。现在占上班族就业人数60%比例的80后、90后，即"网上的一代"已成为职场主流，不发展现代服务业已不能适应他们的"网购"等消费需求了。

四是打造现代城市、现代政府要靠网络技术产业。智慧城市是通过网络信息技术的广泛应用，使公共服务与对城市的管理精准化、网络化、智慧化的有效形式。"智慧交通"、"智慧安居"、"智慧教育"、"智慧医疗"等各种服务就是其具体体现。

"智慧安居",从公安角度来讲,破案就要查人的行为轨迹,管理好不良的人的行为轨迹,就能够确保社会稳定。人的行为轨迹有三种,第一种是静态的,就是"人要住",不论临时住所还是长期住所,人一定要落地;第二、三种是动态的,就是人的"行":不借助交通工具的是慢行,借助交通工具的是快行。"智慧安居"的一项任务就是在全城区的所有道路、公共场所建立能实时感知的网络,只要人一进入这个区域,人的所有行为就都会被这个实时感知的网络所记载。因此,只要人在这个区域留下活动的痕迹,就可以在大数据与智慧安居的网络中很快查证到你是谁,做过什么,有没有犯罪。这就是"智慧安居"的基本原理。但从服务对象角度考虑,"智慧安居"是为老百姓服务的,路不拾遗、夜不闭户就是为老百姓服务的一种高水平的治安境界。同时,"智慧安居"还可以为走失的智障老人、小孩提供帮助查找的服务。

有人认为公共服务是要政府来办的,其实不然,美国的公共服务大都是市场化的,市场化运作效率高、质量有保证、服务态度好。问题的要害不在于市场化,不在于由企业单位还是事业单位来提供服务,问题的要害在于谁来"埋单"。只要公共服务由政府埋单就行。因此,公共服务可以也应该产业化,不仅给居民提供智慧安防或安居的服务，还可以通过埋单即购买服务来实现。要通过网络信息技术提高公共服务的效率，让群众满意。通过这种购买服务，为网络技术产业发展与现代政府建设创造"共同机遇"。

综上所述，无论从目前世界性科技和产业革命的机遇、浙江发展替代进口的巨大装备市场及传统产业转型升级的巨大需求来看，还是从社会发展与现代城镇化的科学发展的角度来看，抑或从政府自身转型的角度来看，都要大力发展网络信息技术产业。

二、发展网络信息技术产业可以大有作为

对发展网络信息技术产业，有人担心空间有限，作为太小。为此，下面我们要重点介绍网络信息技术产业的构成。

（一）可以大力集聚、发展总部经济

有人可能会问，总部经济与网络技术产业有什么关系？其实没有网络技术产业的支撑，总部经济是发展不起来的。总部经济有几个功能，包括投资决策中心、营销管理中心、研发创新中心、利润税务中心等，其核心的一点是销售利润中心。一个企业把分布在国内外生产、营销环节 60% 以上的利润都纳入到总部，

这才是最关键的。例如国外一家造船公司在浙江省某地占了一大片土地，把本国的钢板拉过来在这里焊接成船壳，又通过海运拉回去，再装上所有的装备及仪器仪表，然后卖到国外去。那么加工船体的利润该怎么核算呢？就是给一点加工费劳务费，所交税收就是这点与劳务收入相关的营业税、增值税和所得税，其他完全没关系，因为它的利润中心是在本国。钢板向浙江销售的时候，它的出价提高一点，焊接好拉回国的时候，船体价格压低一点，最后形成"夹心饼干"现象，就赚那么一点加工费。因此，发展跨国公司包括跨省企业，关键是利润。利润从哪里回到总部来？可以从销售渠道上回来，也可以从电子商务中回来，但从零售环节是回不来的，批发环节的税收利润是可以回来的。但是没有网络技术支撑，就不可能将批发环节的利润集中到总部来。所以发展总部企业的主要制约在于网络技术在每个企业的应用、在于总部企业的电子商务发展。现在已经到了浙江发展总部企业的时候了。有人认为总部经济就是世界 500 强，其实并不全是。总部经济可分为几种类型：一种是本土企业总部；二是地区总部。国际大企业、国内外 500 强在中国的总部都是地区总部。GDP 跟企业总部的税收是密切相关的。工业增加值是固定资产折旧、员工工资、税收和利润的相加，增加值就是 GDP；三是行业总部。希望今后能加强研究，通过网络信息服务业发展，为各类企业总部的发展提供技术支持。

（二）大力发展网络装备制造业、服务型制造装备业

大型装备核心关键部件附加值最高，但往往是与网络化智能化联结在一起的。如购买国外的装备有时候不需要购买整套装备，而是自己做好一般装备，只购买关键的软件、核心的部件、仪器仪表等。例如纯电动汽车是中国汽车产业发展的最后一个机会。目前，发展纯电动汽车产业的制约有四个方面：第一是电池，占整车价格的 1/3。纯电动公交车 130 万元，买汽油公交车只要 80 万元，相比价差 50 万元，主要是在电池方面，锂电池隔膜全依赖进口。第二是电机和电控系统。第三是充电的配套服务体系。第四是安全。安全可以通过网络监控和智能传感器来解决，通过车联网来解决。现在物联网的应用有很多领域，上海选择车联网，杭州开展梯联网，都可以防控安全事故的发生。

产业发展的另一个趋势是发展服务型的制造业。服务型制造业的内容是什么呢？杭州汽轮机股份有限公司已经在向这个方向发展。其内容是总承包，从建厂设计到机械选型制造，从厂房工程施工到装备安装调试，从员工培训到以后运行设备维护、备件的储备都实行总承包。自己既提供自制的关键装备，同时又提供工业工程的总承包，这就称为服务型制造业。因为设计是属于服务环节的，员工培训是属于服务环节的，运营的维护仍属于服务

环节，但机械制造属于制造业，工程安装也可纳入第二产业。国际上也称这类企业为工程公司。在宁波国家高新区就有一家我们引进组建的石化工程公司，主要从事设计和市场营销，也开展工程和关键装备制造，营业收入增长很快，每年的税收很可观。智能制造加上网络化的智能服务，就是网络化的服务型制造业，它们是互相结合在一起的。现在智能装备制造业又可细分为太阳能发电装备制造产业、智能医疗装备制造业（医疗智能化）、工程装备制造业、纺织印染装备制造业、医化和石化装备制造业等十几个领域。其中新能源装备制造业、新型电力装备、环保装备、安防装备制造业市场前景好，发展空间很大。但这些装备制造业往往处于"缺心少魂"状态，"心"就是智能化的关键部件，"魂"就是智能系统软件，而这些环节附加值又很高。

（三）大力发展网络系统软件业

要把软件和软件服务业两个概念区分开来。前段时间美国IBM公司请我们到巴西的里约热内卢去考察他们做的"智慧交通"。12个人半年不到帮里约热内卢开发了一个"智慧交通"的网络系统软件。交流的时候我问相关人员，这个大型软件到底卖了多少钱？他说这是商业秘密，后来告诉我是几百万美元。由此可知这个附加值和利润有多可观。如果我们把智慧城市的业务网络系统与平台的软件开发、业务网络平台的运营、维护等服务全包下来，成立专业公司来运作。这样的经营方式还能不断地微调、完善、提升，进行软件的升级开发，同时也有利于保障网络的安全。采取这样的模式，政府技术服务外包只需按年支付服务费用。

另外，软件的发展也要细分研究。第一，软件有普通通用的软件。第二，随着云计算的发展，软件进入了一个新的发展阶段，就是个性化软件的发展。如总部企业软件，每个企业的经营、组织结构是不一样的，是个性化的，要大力发展与企业结合、与行业结合、与业务结合的个性化软件，这个空间更大。有的人说这样的企业软件很难做起来，我认为是可以做起来的。中国银行的软件是谁做起来的？中石化集团的软件是谁开发的？那么多银行的软件都可以开发，为什么浙江大企业的总部软件就不能开发呢？尤其是众多制造企业的厂联网与物联网的应用为个性化的软件开发提供了更广阔的空间。第三，智慧城市的大型业务系统与平台的集成软件，目前非常缺乏。比如"智慧交通"、"智慧高速"、"智慧医疗"、"智慧物流"、"智慧安监"、"智慧能源"等，都需要这种业务操作系统软件的开发。第四，大型工业自动化系统软件。比如中控做得比较多的是炼油、石化、医药、建材等行业的软件，其他的软件做得很少。这方面可以大有作为。一个公司只需要 1 ~ 2 个楼层，创造的产值和税收可能比占地几百亩的企业还要多。广州国家高新区有一家叫"励丰科技"的企业，做大型系统与平台集成软件，是北京奥运会、上海世博会的平台与系统集成软件的提供商和软件服务商。现在世界上只有这家企业能做，要价就可以比较高。人家请它去服务，它就要求整个活动的技术与装备的系统设计由它来做，需要的装备由它来选，因为企业自己选的装备可能保证不了安全性、可靠性。我们去参观的时候，他们演示了一个软件，同一个会堂可以同时有 4 种声音来渲染会场效果。

（四）大力发展高技术服务业

高技术服务业包括投资服务、上市服务、计量服务、工业设计、定位检测服务等，也包括网络文化娱乐服务业，如手机阅读基地、手机报、新闻广告等。网易主要的赢利模式是通过无偿提供新闻、有偿提供广告、代管照片存储、网络小说阅读等服务。百度视频虽然免费，但中间插播的广告为它创造了不少的收益。所有这些都是一种网络商业模式。现在兴起的，很有前景的是网络服务业，比如浙江移动、浙江联通在杭州滨江区的后台呼叫服务中心、阅读基地。还有一个领域就是电子商务，如阿里巴巴。电子商务是不是给阿里巴巴全做完了？不是。电子商务可以有综合的电子商务，低价值商品的电子商务，专业的电子商务，与物

流融合型的电子商务，与市场结合型的电子商务等。另外，还有
金融后台服务产业、服务外包产业基地等，都有很大发展空间。

　　总之，通过制造模式、服务模式创新，在网络信息技术产业
发展方面还有很大的空间。只要我们努力去探索，可以做很大、
很多、很精彩的事情。

三、发展网络信息技术产业的关键是要有新战略、新举措

（一）致力于打造打响品牌

　　各地高新区在产业定位中要力求形成特色，即便在网络信息
技术产业的范围之中，也可以在不同的细分产业领域和产业链环
节中有所侧重和取舍，打造差异化的核心竞争力，打响属于自己
的品牌。

（二）编制高水平的产业规划

　　高水平的产业规划要对产业链进行整体布局，这样才能明确
需主攻的关键环节，才能实现产业集群发展。编制产业链规划，
可以让你知道你到底想要什么？在哪些具体链条中存在"短腿"
与"鸿沟"？这样才能明确主攻方向。所以通过产业链规划的编

制，能够知其需〔招商引资、招企引总（总部企业）、招才引优、招引大腕型领军人才〕，知其能（基础是什么，能做哪些，还有条件突破哪些?），知其短（短的地方如何补上?），知其优（自己的优势在哪里？如何做得更优?）。有两点体会与大家分享：没有产业规划的空间规划是没有实质意义的规划；不能落地的产业规划也是空头规划。

（三）创新、集成，提升政策效能

一是科技政策、产业政策、能源政策、人才政策、金融政策等要集成，集中支持网络信息技术产业。政策之间要相互配合、提高效率；不要让科技、产业、人才等政策互相抵消。

二是政策优惠和环境优化也要集成。如鼓励总部经济的政策要与优化人才环境的建设集成。宁波曾制定过一个政策，全国总部经济协会给予了高度的评价。核心内容就是根据总部企业对地方的贡献给政策。给企业的政府政策性资金使用，是进行定向管理的，是与企业人才的购房政策相结合、与支持企业加大研发投入挂钩的。这就是政策优惠与发展环境的优化相统筹的具体尝试。

三是创业的服务与对创业投资的政策支持相结合。完善创业服务体系，强化科技型小微企业投资创业的资助政策，促进风险投资与民间资本的集聚，解决科技型小微企业创业公司的增资困难，统筹结合，为创业发展创造良好的环境。高新区要完善支持科技型小微企业创业的政策，同时要把对科技型小微企业的创业服务抓起来，把帮助开拓市场的工作抓起米。现在科技人员创新、民营企业创业中的一个突出问题是不知道干什么好。这就说明，创业服务已成为创业的"拦路虎"。因此，要大力发展创业服务，为其打败"拦路虎"提供服务。同时，开办公司后有无第一批客户很重要、很关键，要尽可能地提供帮助首个合同的采购服务。另外是融资难的问题，高新区能否设立创业企业的融资担保基金？例如新三板，实际上是股权的柜台交易。只要各部门拿出方案，是可以做的，无非就是要有地方来交易，要加强监管以防范风险。

（四）带头实施"机器换人"、"腾笼换鸟"工作

把一般的加工产业搬出去，把空间腾出来发展信息技术产业。腾不出低层次的产业，就进不了高水平的产业。所以要注意：一是空间和产业的规划同步调整；二是加大"腾"与"换"的政策力度，有的地方腾是腾了，但"鸟"没有换进来；三是按照单位土地、能耗、排放的产出进行排序，进行"腾笼换鸟"。要以单位能耗产出论英雄、单位用地税收贡献论英雄、单位排污

的产出水平论英雄，同时结合治假、治污、整治不安全生产的执法来"腾笼换鸟"。总之，要打好"智慧"牌，种好高产田，当好排头兵，打好创新仗。

（五）努力营造网络技术产业的好环境

环境的内容很多，比如软件环境、人才环境、通信环境等。2013 年东软到宁波，带了 3 000 万元投资在那里落户，背后原因是什么？重要原因之一是因为宁波的 4G 开通了。如果宁波的骨干网支撑水平太低，宽带网、4G 无线网建设慢了，网络环境不理想，人家网络信息企业就不会来。如果我们的网络在长三角是一流的，企业可能就会来得更多，因为许多企业要依托这个网络平台来发展。

还有技术创新的环境、人才的生活环境。生活环境包括子女就学、医疗水平等。现在矛盾突出的是人才的住房问题。解决这个问题的思路要创新：一是对高端人才，要实行与实际贡献挂钩的购房优惠政策。特别是团队学术带头人、创业带头人、企业高管。二是对一般的员工，中等收入的阶层，要大力推广租赁房租的补贴政策。可由企业与政府根据技术等级与贡献给予人才租房补贴，形成租房优于买房的氛围和环境。三是实行动态的购房、租房补贴政策。同时要结合发展租赁房产业，增加当地农民的收入。住房解决得比较好的国家都是先租后售。新加坡的公务员一般要连续工作 20 年，才能付完政策优惠房的房款。

要解决具体问题，一是要有稳定的房源，是否能让当地村建设公租房？二是要推进租房服务。政府可以帮助开展村企结对的租房服务。可以和企业进行双向结对、定向出租。三是政企都要提供人才房租的补贴。企业与政府的人才房租补贴，要由企业出大头。通过补贴，如果说三室一厅的房子，个人支付的月租金能控制在 3 000 元以内；两居室的个人支付的租金控制在 2 000 元以内；一居室的个人支付的月租金控制在 1 000 元以内，吸引人才的水平就可以了。按这个思路去做，人才环境就可以达到较好的水平。要鼓励企业设立人才租金补贴专项政策，员工从初级工升到中级工，从中级工升到高级工，每提高一个等级可以提高补贴标准，这对和谐企业建设很有帮助。四是要加强管理，只有在高新区的网络信息技术企业，才提供这种人才房租补贴与服务。

（六）提高公务员队伍与企业家队伍的现代产业知识水平

鉴于此，有四个环节需要注意：一是要加强自学和科普教育。我们要读科普书，能明白技术、产业的知识就可以了。我们可能是行家，不可能是专家。知其然，不求知其所以然。不一定要达到搞专业的水平，但是一定要能知其然。公务员也好、企业家也好，不知其然是不行的。二是要加强培训。三是要加强新兴产业知识的考核。招商引资人员的选调、高新区公务员的招收，都要有新兴产业的知识考核。四是要有提供咨询的高级专业顾问团队。高新区能否邀请网络技术产业方面的院士当顾问？不仅要懂技术，还要懂产业，最好还懂市场和管理。希望有专业的团队提供实实在在的、专业的、有价值的建议。

四、滨江高新区宜主攻网络信息技术产业，打造"智慧 e 谷"

杭州滨江区是国家高新技术产业开发区，对于滨江高新区而言，发展网络信息技术产业不仅是把握科技和产业革命机遇、促进传统产业转型升级和加快现代化发展的必然要求。从解决滨江自身发展的矛盾看，这也是一次重大抉择。滨江目前可开发的土地不多，群众对生存的环境质量要求又不断提高。滨江再也不可能依靠建设大量的厂房来发展了。因此，滨江的网络产业发展要"比高不比低，比早不比迟，比特不比多"。"高"，就是要大力发展高技术含量的高端产业；"早"，就是要利用网络产业的早发优势；"特"，就是要发展有特色有优势的网络技术产业。

高新技术产业的发展，美国有硅谷，上海张江有药谷，武汉东湖有光谷，中关村主要是电子信息产业。滨江区现在已经有一定的信息产业基础。例如，网络研发、网络制造有中兴、华为、华三等，网络服务业有网易、阿里巴巴等，网络文化娱乐有许多动漫企业等。从未来发展趋势看，滨江区发展网络信息技术产业还有很大的空间。无论是发展总部经济还是发展服务型制造业、网络系统软件业或是高技术服务业，滨江区都大有可为。因此我认为，滨江要顺应从 PC 技术到新的计算机技术、从新的计算机技术到互联网技术、再到现在的网络信息技术发展和产业革命的大趋势，大力发展网络智慧产业，打造"智慧 e 谷"，成为既引领 IT 产业发展又引领新的产业革命的"排头兵"，喝好"头口水"，赢得"好先机"。

2012 年 9 月，我参加了中国工程院在宁波召开的智能城市推进战略研究课题组第二次大会。我就滨江区下一轮的发展请教参会的院士专家时，他们都认为滨江发展网络信息技术产业是正确的，都说这绝对是下一轮发展的制高点，要下这个决心。

关于滨江区主攻网络信息技术产业、打造"智慧 e 谷"的战略举措，关键是要打响品牌，要打响发展网络信息技术产业的品牌。同时，滨江区还要重点在编制高水平产业规划、提升政策效能、营造人才环境、提升公务员和企业级队伍知识水平等方面再多下功夫。

总而言之，希望我们能够有思考、有对比，希望滨江高新区能够在全国的高新区当中有自己的优点、特点、特色，发展出自己的水平来。

第二节　加长"四块短板"，支持物联网产业链做强

物联网被称为继计算机、互联网之后世界信息产业发展的第三次浪潮。

从国际上看，目前思科、谷歌等世界巨头企业都在从互联网向物联网转型。2014 年 3 月，IBM、思科、GE（通用）和 AT&T（美国电话电报公司）联手组建了工业互联网联盟。

从国内来看，2013 年以来，党中央提出了打造网络强国的构想，国务院出台了《关于推进物联网有序持续健康发展的指导意见》，2014 年 2 月又召开全国性会议做出了部署。由此可见，物联网产业的发展正在提速。

做强物联网产业链，要重点抓好"四块短板"：一是为实现业务"两化"深度融合、装备一体化融合提供服务的创新设计产业；二是核心芯片、关键元器件、操作系统软件等专用电子信息

产业；三是在线实时可视化的定位、识别与计量检测装备产业；四是云服务与云工程产业。

从实践角度来看，上述四个方面都得到加强，才能做强物联网产业链。对专用电子信息产业的发展，将安排专门章节进行讨论。本章将就着重探讨一、三、四三个方面。

一、要优先发展创新设计产业

（一）创新设计概念

创新设计就是"妙设计"，"妙设计"能促使各种技术组合成"妙利用"。

乔布斯的苹果手机设计就是"妙设计"。他把各种新技术巧妙地组合在一部手机里，并且通过"应用商店"（AppStore）开放合作，使手机客户可以从无线互联网上下载应用软件，手机可以不断个性化定制、升级为用户自己所需的功能产品，从而创造创新设计的典范。

推动各种技术"妙利用"的是"妙设计"。以全国人大原副委员长、中科院原院长路甬祥院士为组长，中国工程院常务副院长潘云鹤院士为副组长的一大批院士、专家已成立"创新设计国家发展战略"重大课题咨询研究组。2014 年 1 月 15 日，研究组在中国工程院召开研讨会，专题研讨创新设计及其在推动国家经济社会发展中的作用。路甬祥院士在会上阐述了"创新设计为设计的3.0"的论断，认为在农耕社会的自然经济时代，相对应的是传统设计；在工业社会的市场经济时代，相对应的是现代设计；在知识社会的网络经济时代，相对应的是创新设计，各种设计是引领创新的力量。创新设计既是一切设计的"龙头"，又是技术创新的"龙头"，还是集成利用各种技术创新成果的"龙头"。

2014年2月26日，国务院出台了《关于推进文化创意和设计服务与相关产业融合发展的若干意见》（国发〔2014〕10号），提出要着力推进设计服务与消费品工业、装备制造业、建筑业、信息产业、旅游业、农业及体育产业等重点领域的融合发展。

（二）创新设计与物联网产业发展的关系

物联网的技术创新设计要求"云、管（网）、端"一体化。看来，要实现这一要求，就要在大力推广"工业设计3.0版"上下功夫、要在"创新设计"上下功夫。只有通过"创新设计"，才能像乔布斯那样，实现对各种新技术的"妙利用"，从而才能为物联网的商务模式创新提供"云、管（网）、端"一体化的全面支撑。创新设计是实现业务与网络的深度融合、装备一体化融合的有效手段。

1. 创新设计能把信息化的硬件装备与信息化的各种软件集成为一体，融合到一个智能终端上。

2. 创新设计是系统装备生产企业与各部件、配件生产企业协同制造的龙头。

3. 创新设计可以使物联网系统装备与系统操作软件协同开发、同步集成。

4. 创新设计可以使物联网业务建设与运维水平建设的体系协调一致。

对于量大面广的中小企业而言，它们需要物联网的装备和技术；但由于缺乏专业技术人员，因而更需要设计企业为它们提供"傻瓜照相机式"的服务。

（三）创新设计产业要走专业化发展之路

1. 发展智能消费品的创新设计

利用产品设计的数据库、通用设计软件和网络，加快日常消费品工业设计的发展。在设计日常消费品时，通过调用设计数据库的模块、色彩与结构的模型，再进行优化，人们可以像玩积木一样来设计新产品，这可以加快物联网消费品类的智能终端的开发。例如，给衣服纽扣、鞋子"混搭"上传感器，就可以跟踪穿着的人并随时予以时空定位，防止智障老人与幼儿丢失；玩具加装了电子产品便成为智能玩具。利用产品创新设计可以使玩具、衣服、鞋子与电子产品真正融合为自然的一体。

2. 大力发展整机、整车、系统装备的设计产业

利用设计的大型专用软件，可以把整机、整车、成套设备与系统装备视作苹果手机一样来进行设计，开发出物联网的系统装备类智能终端。例如对纯电动汽车、船舶整体、环保成套装备、无操作人员工厂等成台套、成系统装备进行集成设计。

在进行这些系统装备的设计中，要学习乔布斯的理念，既要把系统软件和系统装备巧妙地组合在一起，还要把其他各种适用的软件尽可能地组合进去，使装备更有智慧、更方便使用。例如浙江省舟山市作为全国重要的船舶生产制造基地，我们重点培育了 4 家船舶设计院，船舶设计水平很快达到我国一流水平。

3. 利用网络，发展"众创设计"

由于网络技术的发展，在网络平台的支撑下，形成了各类网民参与设计的新型组织模式，这是一个参与人数多、创新能力强、设计速度快，很有前景的设计模式，这种设计模式称为"众创设计"。

要使"众创设计"市场化，就要积极培育"众创设计"的平台公司，并鼓励这类公司发展。

二、要重点发展在线实时可视化的识别、定位与计量检测装备产业

在线实时可视化的识别、定位与计量检测装备，是制约物联网广泛应用的另一块"短板"。无论是物联网工厂，还是大气、水域和土地污染的环境检测，甚至是智慧城市实时协同管理服务，如果缺乏在线实时可视化的识别、定位与计量检测装备，就无法实现建设的目的，因此要加快发展。加快实时可视化识别、定位计量检测装备发展，要从以下几个方面去努力：

（一）要把在线实时可视化的识别、定位与计量检测装备作为一个单独的产业来定位

1. 结合错位布局的装备高新区，谋划专业的在线实时可视化的识别、定位与计量检测装备产业的空间布局。如结合光伏装备、现代物流装备、现代环保装备、智能纺织印染装备业，发展相应专业配套的可视化识别、定位、检测装备。

2. 培育一批骨干企业。促进现有检测装备企业升级改造；以"机器换人"、"智慧城市"建设形成的市场需求引进一批企业；引导现有软件、电子企业开展专业化开发与生产；在现有的成台

套装备、成系统装备生产制造企业中，把这一环节单独拉出来，成立独立的公司，进行专业开发。

3. 实施产业技术创新综合试点，加大研发支持。建设省级重点企业研究院、开展重大"瓶颈"技术攻关，支持实时可视化识别、定位、检测装备企业的发展。

（二）明确重点，加快急需领域的重点突破

1. 发展过程制造提供绿色、安全、节约保障的可视化计量检测装备

第一，围绕物联网工厂进行开发。通过在装备中加装芯片、软件、传感器，开发数字化、可视化的实时计量检测的智能装备，对每一个阀门、每一台机器、每一个生产环节均进行精准控制，实现信息化的计量供料、自动化的生产控制、智能化的过程计量检测、网络化的环保与安全控制、数字化的产品质量检测保障、物流化的包装配送，确保全过程、每一个环节的精准生产与管控。

第二，围绕产业基地与园区需求进行开发。把各类产业园区、产业基地的各种智能装备（包括生产、检测、监控等装备）进行联网，对各企业进行全面、全程监控管理，防控废气、污水、固废排放和避免安全生产事故，实现绿色安全生产目的。

围绕绿色、安全、节约的网络制造方式，要加快发展以下四

类实时可视化计量检测装备：一是数字化计量供料装备；二是智能化过程检测装备；三是网络化环保安全控制装备；四是可视化产品质量检测装备。主要应用在化工、造纸、印染、医化、电镀、蓄电池等流程制造企业及集中制造区域。

2. 发展智慧城市管理服务的在线实时识别、定位监测装备

通过可视化识别、定位与计量装备的使用，提高城市在线实时的定位监测、快速反应能力，实现"智慧环保"、"智慧交通"、"智慧电网"、"智慧气网"、"智慧油网"等，为市民提供高效、优质、方便、舒适、安全的服务。

引导企业大力发展油、气、水、电的专用可视化的分段计量、检测与适度控制装备，推动"智慧油网"、"智慧水网"、"智慧气网"、"智能电网"的建设，保障安全。

3. 发展食品药品与环境的检测监管装备（服务民生）

有可视化的识别、定位与计量检测装备，才能为人民群众提供食品、药品的安全监管服务，才能为市民提供准确的环境监测报告服务，才能为市民提供智慧的出行、医疗、教育、安居服务。

如开发数据即检即传的检查装备、数据即疗即传的手术装备、数据即检即传的护理装备，这样就能为建成"智慧医疗"物联网提供支持。

4. 发展应对自然、社会等突发事故的实时识别、检测装备

加快实时计量与智能化检测装备的开发，推动"智慧气网"

的建设，可有效保障城市的安全。例如，居民家庭使用管道煤气，一方面方便了百姓，另一方面又加大了安全风险，一旦发生事故，就会导致大面积的消防安全。例如，宁波地下天然气网长达4 000公里。还有高层建筑消防问题、城市电梯安全问题等，都会随着城市化发展而更加凸显。

消除危险，防控事故，一是重在防。要把矛盾处理在未发之时。二是重在控。一旦发生事故，要把事故控制在小发、初发的阶段，同时加快救助。

5. 发展实时可视化的工程检测装备

复杂环境的工程施工，如地铁工程，需要工程作业的实时可视化的定位、计量、检测装备。加强各种网络化及数字化、可视化的新型检测计量装备的开发，可为零损害、零伤亡的工业制造与工程建设打开绿色安全的新通道，为环境安全、生产安全的物联网制造方式、特殊工程的物联网建设模式提供保障。

三、致力于发展云工程与云服务产业

（一）高度重视云产业的战略价值

1. 云产业的发展，关系到"管理换脑"

"管理换脑"，就是以"云脑"代替"人脑"进行智慧管理。

要实现用"云脑"替代"人脑",关键是要开发与业务内容、过程管理相结合的"智慧"操作系统软件,开发云产业的智慧价值。

例如,化学制药厂排放的臭气,源于落后的制造方式,而不能简单地归结于制药本身。要解决这个问题,就要靠精准化的网络制造方式;而要实现精准的制造方式,就要由大数据、云计算的"云脑"来代替"人脑"对复杂的生产过程进行智慧管理,这才是解决问题的出路。

2. 云产业的发展,关系到大数据的发展

云产业的发展,有利于打破条块分割的小数据,以形成大数据;云产业的发展,可产生数据自动采集功能,形成海量数据;云产业的发展,有利于开发利用大数据的价值;云产业的发展,可促进数据存储与业务计算的服务外包;云产业的发展,可为业务专用物联网开发智慧的"大脑"。没有云产业,即使汇集了大量的数据,也无开发数据的商业价值、使用价值与智慧价值。

3. 发展云产业,关系到商业模式的创新

(1)发展云产业是解决基本矛盾的要求。网络应用的基本矛盾是:迅速发展的大数据、云计算、物联网、互联网技术与管理阶层相对落后的科技素养、相对滞后的管理制度之间的矛盾。解决这个基本矛盾的简便而有效的方法,就是创新商业模式,为客

户尽可能提供"傻瓜照相机式"的服务。

（2）云服务商业模式创新的核心要义，就是提供"一揽子"解决问题的服务。

（3）从事专业业务的云工程与云服务公司是新的商务模式的最佳提供者。因为这样的公司能提供诸如总体设计、软件开发、装备选购、安装施工、运营维护一体化等"一揽子"解决问题的服务。

（4）云工业工程、云农业工程、城市云工程与服务公司的发展，才能为客户提供技术方面的傻瓜式、总承包与运维的长承包服务。

（二）重心要放在支持云工程与云服务公司的业务发展上

浙江把发展云产业的重心放在支持云工程与云服务公司业务的专业发展上。

1. 根据应用业务来分类支持云公司的发展

（1）按照应用领域分类：支持农业云服务工程公司、工业云服务工程公司、学校云服务工程公司、城市公共服务的云服务工程公司的发展。

（2）按照应用业务分类：支持智慧交通云、智慧能源云、智慧健康云、智慧安居云、物联网工厂云的发展。

（3）按照商业模式分类：支持云服务公司、云工程公司、云工程＋云服务公司的发展。

2. 选择有潜质的公司择优进行培育

在形成市场竞争的前期阶段，要选择有潜质的公司加以培育。"有潜质"的公司评价标准主要有 5 个方面内容：安全可靠、服务高效、技术一流、管理严格、机制先进。

浙江鼓励云公司做专、做强。做专就是专注发展；做强就是追求极致，创造品牌。要重点打造具有竞争力的云公司。

（1）继续培育已有专业品牌的云公司。阿里云，专门提供专业的云计算与云存储服务，既为阿里巴巴集团提供各项业务的云计算服务，又为全国的药品安全监管等数十万个客户等外部用户提供云计算的外包服务。

（2）支持有希望、能提升发展的云公司。例如，杭州的华数"媒体云"，海康威视、大华科技等"安防云"，银江科技、医惠科技、仁和科技等"医疗云"；宁波的"健康云"，绍兴的航天长峰"安居云"；嘉兴的由国网研究院与万马集团组建的专业公司"光伏云"，还有浙江中控的"能源云"，省交通集团的"高速云"。

3. 支持首个市场业务的开发，力求做成可体验可复制的样板

（1）试行首个新技术业务的示范。在物联网应用刚刚出现

时，供给方缺乏成熟的有过业务开发经历的企业；需求方缺乏实际业务应用的体验；市场供求关系还未进入相互匹配的状态。在这个阶段，简单地要求发挥竞争机制的作用，容易扼杀企业的技术与产业创新能力，使一个地区，甚至一个国家处于技术与产业发展受制于人的状态。因此，要加强政府对高科技企业的扶持，更好地发挥政府培育市场的作用，共同开发好新技术的始发市场。当然，当供求关系条件可以满足市场竞争机制作用发挥时，政府要抓紧让位，不可导致不公正不公平竞争状况的发生。

（2）支持首个新技术市场业务开发的目的。一是培育开发新的业务市场。通过市场首个业务示范，让市民体验到智慧城市的服务（解决问题的好处），让政府体验到改进某项公共服务获得成功的成就感，从而加大对其业务市场的投入与开发。二是培育合格的、优秀的专业云工程服务公司。

（3）开发首个新技术市场的方法。根据市民的迫切要求、财政的支付能力确定智慧城市的首购业务。根据技术、管理、投资、信用基础与创新能力、企业领导水平的综合评价，初选相应的公司。根据社会听证、专家评审、各部门的联评，比选确定承担业务首购的公司。依照权、责、利明确与具体可考核评价的要求，签订首购业务合同。依照合同加强监管。注意听取市民意见，不断改进工作，切实履行各自的义务责任，确保示范试点的成功。

（4）支持首个新技术市场的政策。要提供首购业务的合理的政策保障，探索类似 BT、BOT 等可推广的政策模式。例如航天科工在浙江诸暨建设"智慧安居"，到现在已投入 1.8 亿元左右，如果建设投入全部由航天科工承担，就需要形成可预见的合理的赢利模式。例如由政府贴息补助一块，由政府购买服务支付一部分、通过增值服务向社会用户收取一部分，保证有合理的利润收入。

（三）要改变原有的监管方式，支持云业务的总包与众包型的分包

例如，阿里巴巴余额宝的总包与分包（见图 2 - 1）。这是通过第三方支付平台支付宝为"天弘基金"打造的一项余额增值服务。目前已超过 2 500 亿元的规模，客户数超过 4 900 万。

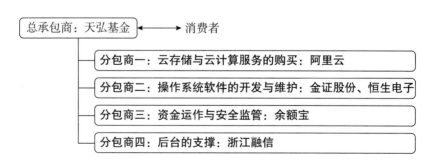

图 2 - 1　余额宝的总包与分包模式

第三节　重点支持专用电子产业与软件基地建设

一、抓机遇，突出"深度融合"的发展重点

电子与软件产业发展要抓结构调整、抓布局调整，力求在调结构、促升级中求发展。那种自发而盲目地跟随在发达国家后面跑的跟踪发展的想法、做法，最终会使我们失去物联网、移动互联网的发展机遇，无法形成发展的比较优势。为了抓好用好机遇，就必须对电子与软件产业的结构进行调整，把着力点放到主攻专用电子与软件上来。

习近平总书记在 2013 年的中央政治局第九次集体学习会上指出，"实施创新驱动发展战略决定着中华民族前途命运"；"一方面需要着力推动科技创新与经济社会发展紧密结合，让市场真正成为配置创新资源的力量，让企业真正成为技术创新的主体；另一方面，政府在关系国计民生和产业命脉的领域要积极作为，加强支持和协调，总体确定技术方向和路线，用好国家重大科技

专项和重大工程等抓手，集中力量抢占制高点。"习总书记的讲话为我们指明了方向。

对于电子与软件产业这类技术创新与产业发展高度关联的领域，我们的产业发展与技术创新要有高度统一协调的发展规划：

第一，这个规划是一个技术结构与产业结构同步同向优化调整的规划，是科技创新与经济发展紧密结合的规划，是技术方向和路线十分明确、重点突出的规划，是一个以"信息化与工业化深度融合为重点"的规划。因此，全面理解上述要求，"信息化与工业化深度融合"是关键句，"深度融合"四个字是关键词。"深度融合"指的是电子、软件与产品、装备的融合，是"硬件与软件"的融合，是"技术贸易与货物贸易一体化"的融合；"深度融合"是不可分割、不可剥离的"一个整体"；对于每台网络装备而言，"深度融合"是专用电子软件与装备"一体化"的融合。对于一个系统的装备或商业服务而言，同样要求达到网络与系统装备、网络与商业内容"一体化"的融合。就其市场开发而言，电子与软件属于技术贸易的范畴，产品与装备则属于货物贸易的范畴，"两化"深度融合，是要求把技术贸易与货物贸易融为一体的"融合"。显然，实现"深度融合"的"短板"在于专用电子与软件产业，这理应成为发展的重点。

第二，技术创新与产业发展的规划要面向市场、用好机遇。利用好物联网、移动互联网的技术与市场发展机遇也在于"两化"的"深度融合"，在于"跨界"和"混搭"。制约"混搭"的"瓶颈"在于专用电子与软件。

第三，从利用我国市场率先开发、规模应用的比较优势考虑，抓紧发展专用电子与软件是率先开发网络应用市场的前提。我国人口基数大、网民多，与发达国家相比，最大的优势是市场需求规模大。开发应用规模大的网络市场，首先要大规模发展专用电子与软件产业。因此，我们应该实施好应用促创新、促创业、促发展"一用三促"的思路，重点主攻专用电子与软件产业。

第四，从"突出重点调结构、集中要素求突破"的角度考虑，我们应该把专用电子与软件的发展作为重点，作为主攻方向。

第五，在国际竞争中要突出中国特色优势来，就要打出中国式的"技术＋市场"的开发"节奏"来。突出中国特色的优势，同样要求重点主攻专用电子与软件。

二、抓重点，抓好专用电子与软件的产业基地建设

抓技术与产业结构的"统筹调整"，要尊重产业群的发展规律，加强布局调整的工作，把专用电子与软件产业基地建设作为优先发展的重点来抓，作为促进当地网络化、智能化装备与网络装备工程业发展的前沿基地来建设。

抓专用电子与软件产业基地，首先要研究抓好布局。专用电子

与软件产业基地要与当地的专用装备、专业化的网络装备工程产业的发展布局相一致。以浙江为例，就是要错位布局，以嘉兴光伏装备、湖州现代物流装备、绍兴新昌与柯桥的纺织印染装备、诸暨现代环保装备、永康现代农业装备、舟山船舶装备、萧山临江新能源运输装备等高新区为依托，打造特色鲜明、布局合理的光伏装备电子、物流装备电子、纺织装备电子、环保装备电子、农用装备电子、船舶电子、汽车电子等专用电子与软件产业基地。

抓专用电子与软件产业基地，要重视抓创业、抓引进。一是要抓创业。各高新区都要把创新设计、专用电子、传感器、控制器、芯片、机器人、专用业务软件作为创业的支持重点。要支持原有企业分设与组建传感器、芯片、自动化工业控制软件、物联网操作系统软件等公司，开展新领域的创业；要重点资助支持科技人员创办专用电子与软件企业，并在经营场地、市场开发等方面予以支持，尤其是要支持有在国外企业工作经历的海归团队的创业。这是浙江省技术与产业从跟踪发展向国际水平同步发展跨越的捷径之一。二是有重点有针对性地开展招商引智。引进国内外电子与软件公司来本地设立专用电子与软件公司，有针对性地开发周边市场。

抓专用电子与软件产业基地，要实行有针对性的技术创新政策与支持创业的政策。"信息化与工业化深度融合国家示范区"的建设，要实行有针对性的创新与创业支持政策。对各高新区内专用电子与软件产业基地的企业，无论是老企业还是新引进的企业，无论是大企业还是新创业的科技型小微企业，只要符合条件的，就要优先支持重点企业研究院建设，优先支持参与科技重大专项攻关，优先协助引进青年科学家的培养对象。对于科技人员创办的专用电子与软件的小微企业，符合条件的优先纳入省创业专项基金的支持，并积极帮助申报国家中小企业创新专项基金。

三、抓扶持，逐步加大对应用市场的节能减排补贴、绿色与安全补贴

随着市场化改革的深入，逐步减少直接的产业补贴，逐步加大节能减排补贴、绿色安全补贴，这是深化财政体制改革的努力方向与具体任务，我们应很好地加以把握。

实行节能减排、绿色安全补贴，这是发达国家的通行做法。如光伏发电补贴、节能灯的产品补贴，发达国家补贴的力度比我国大得多。这类补贴政策具有鲜明的特点与更加惠民的功能：一是有利于提高资源能源利用水平，减少污染，形成有利于人们健康与安全的生产方式；二是有利于促进科技创新，有利于节约能源资源的新技术的推广，鼓励企业走上创新发展之路；三是有利于企业享受国民待遇，实行更加统一、更加公平的财政政策。企业能否享受到优惠政策，主要取决于自己的努力，取决于市场开

发实绩。实行根据市场开发实绩的绿色补贴办法，体现了规则公平、程序公平、政策公平的原则；四是有利于市场开发，扩大市场消费，促进技术创新，带动生产供给。这是鼓励多批次消费的一项政策，远比设立首台套装备采购政策的作用大。

专用电子与软件产品，很多属于技术贸易类产品。《关贸总协定》把贸易分为三大类：货物贸易、服务贸易、技术贸易。过去我们比较重视前两类贸易，今后要更加重视技术贸易。技术贸易包括技术成果的交易、知识产权的交易，但更多的是包含在以技术价值为主体的技术产品与技术装备之中。例如集成电路的高端芯片、成套装备的工业设计、物联网的业务操作软件等，都属于技术价值远大于装备价值类的。专用电子产品与软件，大多属于技术贸易类的节能减排与绿色安全的产品，应该通过节能减排、绿色安全的财政补贴，加快应用推广。要把《国务院关于促进信息消费扩大内需的若干意见》（国发〔2013〕32 号）文件精神进一步细化、具体化，贯彻好、落实好。

享受节能减排、绿色安全的政策补贴是根据市场开发的业绩进行的，因为在本地市场的开发业绩越好，意味着对节能减排、绿色安全的贡献越大。因此，专用电子与软件产业企业要加强商业模式创新，以适合的方式去开发市场。融产品与装备设计为一体、技术服务与商业销售为一体的营销团队或商业模式比较容易开发市场，主动上门招揽业务比坐等客户上门更容易成功开发市场，分客户需求层次建立不同类型的技术型营销团队更容易开发市场。这些新型商业模式的培训，需要在专用电子与软件产业基地建设中予以加强。"授人以鱼不如授人以渔，"不能给点政策补贴就了事。一个整体上开发市场业绩显著的电子与软件产业基地，一个能以高水平服务助推专用电子与软件企业成功的产业基地，更能集聚各类要素，更有利于创业与招商，更能形成有利于专用电子与软件产业加快发展的产业生态。

第四节　致力于开发网络化的新产品、新装备、新服务

一、从实际研究结论说起

2013 年 10 月，浙江省统计局等部门对国际金融危机以来浙江省新产品开发情况作了系统评价研究，并发布了研究报告《2008 年以来浙江工业新产品生产情况分析》（载《浙江统计专报》2013 年第 36 期）。这份报告根据翔实的数据做出了相关分析判断，这使我想起涂子沛先生在《大数据》开篇引用的话，

"除了上帝，任何人都必须用数据来说话。"

这份研究成果中有两组突出的结论性数据：

一是新产品对规模以上工业企业增加值的贡献率：2010 年为 23.3%，2011 年为 27.9%，2012 年为 43.0%，2013 年已跃升到 76.8%。这说明，针对市场需求不足的难题，破解之道在于开发新产品、新装备、新服务。新产品的开发与规模以上工业企业的增加值的增长成正相关关系，而且这个正相关关系已经不是传统习惯的那种比例关系。

二是 2008 ~ 2012 年，具有新产品生产的规模以上工业企业利润总额年均增长率竟达到 14.4%，这简直是一个惊人的发现。对于一直处在做低端产品、依靠低价优势竞争的不少浙江工业企业，已在这次国际金融危机中吃尽了苦头，一是缺订单，二是利润下滑（主要就是缺利润多的产品订单），这简直是压在它们头上的"两座大山"。而这个报告说明，破解问题的出路很多，但首要的出路应该是开发利润高的新产品、新装备、新服务。

二、原因究竟何在

浙江省统计局提出了新产品开发是"稳增长、调结构、促升级、增收入"（提高企业员工收入、企业利润、财政税收等收入）有效抓手的结论，这引发了我的思考。新产品的开发为何有这么大的、超越以往经验的贡献？出现这种现象，是一因一果的，还是多因一果的？

见微知著，应该来自于长期积累性研究基础上的"顿悟"。回顾 2008 年国际金融危机以来对这次"危机"的各种分析研究，回答上述问题，大体有三方面的结论：

（一）找准了消除国际金融泡沫、重振实体经济的"穴位"

2008 年的国际金融危机，说到底是一场忽视实体经济、最终导致金融泡沫破灭的危机，是一场被发达国家继之以经济发展不足、政府过度消费、巨额债务放大的一场危机。这场危机的要害是实体经济的供应与金融证券市场需求的结构错配，是物质财富生产供应能力与社会福利需求过度消费不匹配。而这场国际金融危机爆发后的次生危机又进一步扩大了供应与需求支付之间的结构性矛盾，这使得原有生产供应能力产生过剩，原有的需求支付能力的结构关系发生了变化。这里值得注意的是，"原有的需求支付能力的结构关系发生了变化"这句话，指的是这场国际金融危机之前有需求支付能力的机构及人群的需求支付能力下降了。但是，这并不等于所有的人都没有需求支付能力了。因此，创造有支付能力消费者的需求市场，就成为消除这次国际金融危机影响的关键点与触发点，就成为打破市场需求不振僵局的突破口；而有支付能力消费者的市场肯定不是原有供应结构的市场，因此，开发新产品、新装备、新服务，就成为开发有支付能力消费者市场的最有效抓手，成为扩大新的终端消费、出口消费的主攻方向。

（二）体现了新科技革命（颠覆性技术创新）的魅力

值得注意的是，新的科技革命，尤其是宽带网、4G 无线网建设后形成的泛在网，大数据、云计算、物联网、移动互联网等带来的新产品、新装备、新服务的需求，对开发各类市场需求提供实实在在的支撑，展示了其美好的前景。据国际货币基金组织、世界银行等国际权威机构预测，2014 年发达国家的 GDP 增速会好于发展中国家，普遍估计比发展中国家的增速高 0.5～1 个百分点。究其原因，就是移动互联网、物联网技术开始发挥作用的结果，是颠覆性技术救的"命"。具体地说，发达国家在这次国际金融危机爆发后不久，就凭借其原有的网络技术创新优势，较早地实施了"再工业化"（我们称"新型工业化"）、数字制造、绿色低碳制造计划，经过三年多时间的努力，现已开始见效。在这些新型网络技术中，物联网技术与产业的发展势头将更猛。如果说互联网的智能终端是手机、平板电脑等"类终端"的话，而物联网的智能终端则是"泛终端"，比"类终端"更具有多百倍、千倍几何级数的增长优势，这将进一步为各类消费市场扩容提供机遇。

（三）促成了产业革命或者说新型投资市场的诞生

以物联网为主要支撑的数字制造、绿色制造、服务型制造方式，从发达国家向发展中国家辐射，实实在在地促进了实体经济的发展，扩充了投资的内涵，启动了新型投资市场。这个新型投资市场就是"零排放"的数字、绿色制造市场，它开启了"产品＋软件＋服务"、"装备＋软件＋服务"等服务型制造的新的发展模式。这是一个将在全世界催生万亿数量级的新型投资市场。它将为进一步扩展新型就业找到广阔的空间，为重振新的消费支付做出新的更大的贡献，为完全摆脱这场国际金融危机的影响找到出路。浙江省的先进装备更新技改投资连续两年增长在30%以上、占工业总投资60%以上的事实，也说明了这一趋势。

综上所述，现在基本可以做出如下判断，结束这场已延续了多年的国际金融危机的必然途径是物联网、互联网的广泛应用，而具体的实现形式就是开发网络化的"新产品、新装备、新服务"，这个结论将在今后进一步明朗起来。当我们回顾数字照相对柯达胶卷、智能电表对手工抄表电表的颠覆规律之后，我们应该认识到：加快互联网、物联网产业的新产品、新装备、新服务的开发，是这场国际金融危机以来开发潜在消费客户需求的明智选择，是网络技术创新带来的货物贸易与服务贸易内涵的颠覆以及顺应这一发展规律必然作用的结果，是新的产业革命或者说制造方式革命的必然选择，不是偶发的市场"浪花"。

三、重要的是要顺势而为

全面推进网络化的新产品、新装备、新服务开发，是有效实现"稳增长、调结构、促升级、增收入"的"抓手"，是全面结束这场已经延续了 5 年的国际金融危机的具体实现形式。我们必须紧紧抓住这个技术与市场变化的重大机遇，顺势而为，趁势而上。

趁势而上，抓住、用好这个机遇，就要把开发网络化的新产品、新装备、新服务作为优先发展的重点来部署。要引导所有的企业认识这个难得的机遇，加快创新设计与产业技术创新，全面开展网络化的新产品、新装备、新服务的开发活动，力求以网络化的新产品、新装备、新服务去全面开发老的客户市场、新的客户领域，加快质量效益型发展，牢牢掌握市场开发、结构调整、资源节约、环境友好的主动权。

趁势而上，抓住、用好这个机遇，就要在新产品、新装备、新服务的开发技术、开发手段、开发方法的推广上下功夫。要充分利用工业的"创新设计"，要充分利用产品智能化、装备智能化与网络化的手段，充分抓好新材料的应用等有效的方法，把新产品、新装备的开发抓实抓好。

趁势而上，抓住、用好这个机遇，就要大力推动商务模式创新。网络的应用又为新的商务模式开发创造了条件。新的客户、新的市场呼唤着新的商务模式。产品与服务、装备与服务的有机组合之势不可阻挡，不再是截然分开的环节。满足现代客户的"交钥匙工程"、"'一揽子'解决问题"的新型消费需求，只有商务模式创新才能奏效。要善于把工程设计、装备集成制造、工程建设与安装、管理软件开发和售后网络服务等集成起来，形成新的商务模式。高效开发网络化的"新产品、新装备、新服务"相融合的大市场，才有可能充分利用好做强做大企业的新机遇。

第五节 全面推进工业现代化技术改造

一、要把全面推进现代化技改作为主载体来抓

利用好网络精准制造方式的机遇，要发挥好市场主体的作用。只有更大范围地动员企业，让企业从"自发阶段转向自觉阶段"，才能把少数人（企业）利用这个机遇的行为转变为更多数

人（企业）的行为，才能发挥好利用好市场的机制作用，才能激发创造社会财富的所有要素的活力，才算走好了利用物联网机遇的"群众路线"。

物联网、互联网技术是现代化的技术。强调现代化技术改造，是为了与过去局限于一般工艺与装备的技术改造相区别。这是一个融合装备、工艺改造，尤其针对材料供应过程、生产组织过程、资源要素使用过程的流程再造、管理创新的系统工作，不能不加区别地对待。

现代化技术改造适用于每家制造企业，甚至是个体工商户的制造单元。走好利用网络精准制造方式"群众路线"，广泛发动企业参与，是可行的有效途径。因此，要把全面推进现代化技术改造作为利用好物联网机遇的主载体来抓。

全面推进现代化技术改造，简称"机器换人"，这是抢抓"网络精准制造方式革命"、抢抓物联网发展机遇的重要内容，必须紧紧抓住不放，一抓到底。

建设信息化与工业化深度融合的国家示范区，要眼中有主题，心中有企业，脑中有良法，胸中有定力。利用好物联网发展机遇，就要围绕"网络精准制造方式革命"这个主题，着力做好、做实、做够现代化技术改造等方面的文章。

仔细剖析"两化"深度融合国家示范区建设的机遇、网络精准制造方式革命的机遇，可以发动所有企业参与工作的只有两项：一是全面参与智能化、网络化的新产品、新装备的开发；二是全面参与现代化的技术改造或新的物联网工厂的投资建设。其他方面的工作"抓手"还有三项：一是重点开展专用电子与软件产业基地建设，主要依托各高新区进行；二是分级开展各类系列示范试点工作，包括物联网工厂、总部型名企、绿色安全制造企业与基地、智慧城市建设等；三是加强物联网应用的产业技术创新。这五个"抓手"要紧抓不放。我们既要有"两个全面推进"的"激情"，又要有抓好各种示范试点、逐步推广的"定力"。各项示范试点要一步一个脚印、注重实效地推进。

二、现代化技术改造，要向网络精准制造方式迈进

用"装备＋机器人"的制造方式替代人工的制造方式，用自动化的制造方式替代部分人工管控的制造方式，用网络化智慧的制造方式替代全部人工直接管理的制造方式，用精准用料、低碳绿色的制造方式替代不安全、有污染的制造方式，以上构成了企业现代化技术改造的主要内容与逐步实现的目标追求。

在现实生活中，由于企业生产水平、科技力量、员工素质、管理能力的不同，"机器换人"的现代化技改不可能一步登天，会呈现出因企制宜、分阶段推进、持续演变的特点。从浙江的现有情况看，"机器换人"大体有"五种形式"：

第一种形式是部分环节的机器换人。这些环节主要包括由手工操作的零部件（半成品）拾取、传递、装配、冲压、焊接、打磨、分拣、检测、粘贴标签、包装等，都可以通过采用"自动化机器手与自动化机床的组合"来进行。这对大部分个体加工户、小微加工企业很适合。浙江省劳动密集型中小企业量大面广，应重点推广这种"组合"的"机器换人"。这样就可以把劳动动作简单、环境污染重、安全风险高、劳动强度大的岗位员工解放出来。

第二种形式是整条生产线的自动化改造。其特点是，通过对现有运行设备的控制系统进行升级改造，实现自动化效能的大幅度提升；或者从设备到控制系统实行整体更换。前一种情况的改造主要适用于 21 世纪以来新办的企业；后一种情况的改造则适用于 20 世纪八九十年代创办的企业。

第三种形式是自动化生产线 + 工业机器人。由于技术进步，机器人（手）的价格逐步走低。一个简单的"机器手"，现在国产的价格只有 6 万元人民币左右，使得"机器换人"渐成趋势。从全球工业发展来看，新兴行业已开始大量使用工业机器人，即使是包装、食品、纺织、普通机械等传统工业领域，也开始有工业机器人进入流水线。机器人使用已渐成趋势。汽车工业和电子行业是目前工业机器人领先应用的领域。据粗略估计，完成一辆汽车的制造，至少需要 8 套机器人系统。

第四种形式是实现设备联网（机联网）改造。即产生"无人车间"，准确地说，是无操作人员的车间。利用物联网、云计算等技术，对企业机器设备进行智能化与联网改造，形成连续生产、集中管控、资源共享的现代化制造模式。"机联网"是"机器换人"的重要形式，是工业物联网的具体运用方式。要在环境敏感、生产安全要求高、市场有潜力的医化、石化、印染、建材等行业重点推广。

第五种形式是实现整个工厂的设计、制造、仓储、物流、辅助系统等全过程的联网（厂联网）。这是物联网在工厂厂区全面应用的一种方式。工厂的各类机器，包括动力系统、空调系统、照明系统、生产系统、检测系统、供应仓储系统等全部入网管理，实现数据互通、业务协同，实现供应、生产过程的智能化、网络化管理与服务。

目前，富阳富生电器、镇海炼化、富阳海正药业、鄞州欧琳厨具等企业已基本实现了第四种方式，有的实现了第五种方式。

在这里，最重要的是要正确认识并处理好眼前因企制宜的"机器换人"与今后实现网络精准制造方式（物联网制造方式）之间的关系。一方面，因企制宜的"机器换人"是网络精准制造方式的基础与条件，离开了"机器换人"，要求齐步跨入网络精准制造阶段，必然会脱离实际，让大多数企业游离在这项工作外，坐失工业物联网发展的机遇；另一方面，"机器换人"要力求选择与网络精准制造方式相匹配的装备、机器与软件，把具备网络的接入能力作为必要条件来考虑，为"网络协同制造"奠定基础。这样，眼前与长远结合，个别与系统统筹，既能让各类企业早抓机遇，又能适应将来技术进步、提升发展的要求。

三、要积极做好网络新技术应用推广的组织发动工作

推进现代化技术改造，是一项新的网络技术的应用推广工作，是一项事关实施创新驱动发展的工作，是一项事关绿色、环保、安全发展的工作，是一项企业生产管理的重大变革。因此，经信部门、科技部门要积极作为，认真切实地做好组织发动工作。

总结浙江海宁等地的经验，有效开展"机器换人"工作的方法是：切实抓、分批看、坚持讲、具体算、专家帮、媒体赞、政策奖。切实抓，就是抓点示范，提供实实在在的"机器换人"的企业与行业典型，以打破人们对网络化、智能化技术改造的神秘感；分批看，就是充分发挥典型与样板的作用。百闻不如一见，跟着学，模仿着做。这也是当年浙江省乡镇企业发展、块状经济兴起的路径。尤其是同行学艺，看"机器换人"，模仿推广得更快；坚持讲，就是讲好"机器换人"的真经，讲好"机器换人"

的好故事，发出"关心员工健康安全、关心企业发展"的好声音；具体算，就是不断进行比较算账，算好"机器换人"的投入产出的"效益账"、安全生产的"省心账"、减少排放的"和谐账"，提高企业的自觉性；专家帮，就是让熟悉技术、熟悉企业的科技与企业管理专家下基层下企业，手把手地教，面对面地指导，能者为师，智者为师，成功者为师，现身说法；媒体赞，就是媒体要发声，宣传好"机器换人"的典型，讲好低碳发展新故事，大力提倡学科技、用科技，提供结合实际用好技术红利的"正能量"；政策奖，就是根据"机器换人"的实绩，按政策给予及时足额的补贴，把科技政策、人才政策，尤其是鼓励企业节能减排的政策落实到位。

积极做好"机器换人"的组织发动工作，要正确处理政府与市场的关系。一方面，对于新的科学技术的推广应用、新的管理体制乃至商业模式的变革创新，政府要正确发挥积极作用，这是贯彻"发展是第一要务"、"科学发展更是第一要务"的基本路线的具体行动，也是实施创新驱动发展战略的具体行动。我们不能消极对待，无所用心，无所作为，把责任简单地推给企业，把对科技机遇的利用不负责任地完全推给市场。不能不作为，不能搞"懒政"、"惰政"。

另一方面，换不换机器，换什么样的机器，什么时候换，用什么样的模式换，对于这些问题，政府官员不可包办代替，要充分尊重市场主体的意见，尊重企业的自愿，不做"牛不喝水强按头"的事。要尊重市场规律，发挥市场机制的作用，算账对比当参谋，算的就是市场账，算的就是让市场价值规律、供求规律、竞争规律起作用的账，算的就是让企业看清市场机制作用的账，算的就是科技进步的账。我们经信与科技部门的工作人员要学会"只帮算账不决策、只咨询不包办"的工作方法。出台的各项优惠政策，也是为了配合市场机制发挥作用、促进技术红利发挥作用、增加节能减排的绩效统筹设定的。不包办替代企业决策，不包办替代市场的机制作用，积极正确发挥经信部门、科技部门的作用，应该成为我们的基本原则。对此，我们要多一点唯物辩证思维，少一点片面简单；多一点市场意识，少一点盲目干预；多一点担当进取精神，少一点推诿、等待。

四、积极培育并发挥工业工程公司、工业云服务工程公司的作用

要高度重视对工业工程公司与工业云服务工程公司的建设引导、引进与培育，高度重视发挥它们在"技术换人"中的作用。这是高质量推进"机器换人"，高水平利用新技术红利，高效率利用物联网机遇的结合点，要认真把握。

一是要当好"有心人"，引导本地有条件的企业组建工业工

程公司与工业云服务工程公司，引导并资助科技人员创办这类公司，引进这方面的国外工程公司；二是要当好"明白人"，为工业工程公司与工业云服务工程公司提供技术创新、建立企业重点实验室、引进人才、开发业务软件等方面的政策支持与指导服务；三是要当好"联系人"，为工业工程公司与云服务工程公司开发市场业务、寻找客户提供联络员的服务，在实际推进中给予关心指导；四是当好"推介人"，及时帮助总结成功的经验，通过召开现场交流会、座谈会等方法推介成功的案例，助推市场开发。

第六节　努力打造中国云服务应用的示范基地

一、发展网络经济要抢占制高点

最近一段时间，浙江出现了一个可喜的现象，就是建议发展网络经济或网络产业的声音多起来了。省级机关讨论这个话题的明显增多，省级有关智库作了专题研究、提出了这方面的建议。

在省人代会、政协会上，关于这方面的提案与议案数量也比上年有较大幅度的增加。

发展网络产业与网络经济，的确是个很有作为且绕不过去的命题。我们应充分认识到，这是顺应物联网、互联网发展的一个历史的必然；谁捷足先登，谁就可以率先走出这场国际金融危机，而且还可以赢得下一轮发展的主动权，就像美国赢得20世纪第二次世界大战之后的发展主动权一样。

但是，网络经济是一种虚拟的经济，风险很大。规避风险，至少要把握三个问题：一是内容有实务。就是不能搞"泡沫"，越是虚拟的，越要避免避实就虚，越要警惕人为投机操作，越要注重实务，越要注意有实际内容，越要防止搞形式主义、避免忽悠。注重实务，警惕泡沫，避免泡沫，不断挤压泡沫，才有光明的未来，这是需要切记的原则。二是业务有特色。网络经济涉及的领域很广、内容很多、业务很丰富，涉及第一产业、第二产业、第三产业，涉及社会治理体系的现代化，可以作为的方面很多。面面俱到地抓，什么也抓不好。因此，一个企业也好，一个地区也好，不能乐于"圈地"，处处占的结果可能处处都不占。唯有专注某一业务且形成自身的特色优势才能保持发展的可持续，一定要有自己的"拳头产品"。三是市场有优势。要抢占市场的制高点，有自己的核心竞争力。

所以，对于浙江来说，我赞成我们的发展目标定位与北京、与上海、与深圳等要有区别，我们的定位是打造中国的云服务应用示范基地。理解这个目标定位，一是要主攻云服务。云服务，这是智能或者智慧技术的体现，也是物联网、移动互联网阶段发展制高点。二是以应用作为突破口。就是要以应用促创新，应用促发展。不是不要创新，但要围绕应用去创新，不能单纯为了创新而创新。三是要抢占制高点。发展要比质量、比水平、比后劲，要达到可"示范"推广、客户有绝佳体验的要求，"宁吃鲜桃一口，不吃烂梨一筐"。

二、要发挥自身优势

浙江省发展网络经济或者网络产业要注重有作为的领域，要有自己的优势。从目前的情况和浙江的基础看，在考虑编制网络产业发展规划时，重点有三个方向：一是以电子商务为龙头的互联网服务业。这个产业的基础是浙江的市场大省优势，标志是有以阿里巴巴为龙头的一批电子商务企业，特点是可以电子商务为龙头或以为制造业服务为具体依托，再逐步向第三方支付等互联网金融、互联网物流拓展，继而逐步向互联网教育、娱乐、阅读、家庭服务消费等领域渗透；二是以网络制造方式的推广应用作为重点。依托浙江的块状经济和中小企业，具体途径是产品换代、机器换人、制造换法、商务换型、管理换脑，目标是绿色、安全、节约型的升级版的制造，以重振制造业雄风；三是发展具有云服务优势的物联网产业。在云服务方面，浙江已有相对领先的突破，要把握好这个优势，并努力把这个优势结合好、发挥好、拓展好。首先要结合好。要把云存储、云计算与具体业务结合好，与流程再造融合好。要鼓励各个网络企业抓升级，上"云端"。要形成彩云飘飘，虚实融合，天地相连的新优势。例如，一个物联网工厂的云服务，要与这个企业的制造业务相结合，与其原料的配送过程、产品的设计与制造过程、质量的全程检测把关，甚至是包装与销售过程相融合。不在一时的市场规模上比高低，而是在结合、融合的质量、服务上比优势。其次要发挥好。要发挥好浙江的民营企业、中小企业众多的优势，大力发展大中小企业相结合，以中小企业为主的云服务。大力发展以中小企业为主的有业务内容的云，有利于控制云能耗，防止盲目引进大规模的、没有业务内容的云，引进大能耗，这有利于逐步积累经验，稳扎稳打，不断打造升级版的云。因此，国家工信部出台规划，要求控制 3 000 个以上服务器的云的发展，这是有道理的。最后是要拓展好。要大力发展分布式的、可重组的、可再云化的云。因此，要出台智慧城市标准体系建设五年行动计划，重视标准制定和实施，为今后的开拓发展奠定好基础。智慧城市建设一定要坚持示范试点，注重质量，不搞一哄而起。要立足于发展可重组、可再云化的分布式的云。

三、全力培育优秀的云服务公司

浙江省能否建成中国的云服务应用示范基地，最根本的问题是浙江省能否培育出一批优秀的云服务公司。实现网络经济与网络产业的发展，主要是看云服务企业的核心竞争力。为此，要把培育优秀的云服务公司作为重中之重。

在阿里巴巴等企业的带动下，通过若干年的示范试点和积累，浙江省已有较好的发展云服务公司的基础。例如，杭州的华数、海康、华三、大华、中控、网新等企业，宁波的智慧健康、绍兴的智慧安居、嘉兴的智慧光伏，省交通集团的智慧高速、省经信委的智慧能源等示范试点项目，都已具备一定的发展基础，有条件、有可能培育成为优秀的云服务公司。

（一）要鼓励企业发展云服务

培育优秀的云服务公司，首先取决于企业自身素质与追求，这是阿里巴巴的经验。阿里巴巴的成功取决于自身的执着与努力。在市场经济条件下，每一次成功都取决于市场主体即企业的本身，因为内因才是发展的根本，这也是绍兴诸暨"智慧安居"的经验。航天科工集团在绍兴诸暨的"智慧安居"的示范试点中，忍受寂寞，舍得投入，包括财力与人力的投入。近两年来，他们投入的团队一般都在百人以上，少的时候也有 60 多人。为了促进与安居业务的融合、与过程管理的融合，他们扑下身来，向一线的百姓问需求，向有经验的同志虚心请教，一遍又一遍地修改建设方案，一次又一次地完善建设计划，付出了他们的执着、耐心、智慧与汗水。梅花香自苦寒来，他们"百人两年"的奋斗结果是，初步建成了从城市社区到农村村级组织全覆盖的城乡一体"安居物联网"，打通了二十多个部门"体制障碍墙"，建成了人、车、路、房、牌、卡、证为一体的"大数据"，终于为开发有智慧能力的云服务迎来了"柳暗花明又一村"。绍兴市、诸暨市与航天科工集团要十分珍惜这来之不易的成果，牢记"主动地恢复与胜利的到来，往往在于再努力一下的坚持之中"的哲理，把"安居云"打造好。同时，可以考虑鼓励浙江省其他地区的县（市、区）引进航天科工集团的"安居云"，为人民群众提供高质量的安居服务。对于真正沉下心来发展云服务的企业，要高度关注，支持其抢占"关系产业命脉"的制高点。

（二）支持企业转型发展

关于"华三"公司的转型发展计划，我十分赞同"华三"

公司从通信设备提供商转型为"云服务解决问题方案的提供商"，因为通信市场发展已到达"天花板"，唯有这样的转型，才能保持"华三"的发展。浙江省各地都有一些大大小小的电子企业，其中有一些企业具备转型或升级发展的条件，要引导并鼓励其转型发展。

（三）帮助企业打破体制的障碍

云服务企业的发展，依托于大数据的形成，而阻碍大数据发展的障碍是体制。体制的障碍要靠体制改革去突破，权力形成的障碍要靠更大的权力去打破，这就是发展网络产业政府不能撒手不管的重要原因，也是信息化是"一把手工程"的深刻体验。在公共服务领域更是如此。要提倡进一步解放思想，进一步解放先进的生产力，进一步解放社会主体的活力。我十分敬佩诸暨市委市政府主要领导的果敢、魄力与分管领导的毅力，他们组成的智慧安居领导小组，两年来坚持每周一次与航天科工"智慧安居"工作团队的对接，逐村逐乡、逐个部门地一一化解矛盾，绍兴市的主要领导、分管领导多次亲临现场指导服务，诸暨的智慧安居试点才取得了今天的进步。发展云服务，没有企业的努力，肯定不能成功；但离开了政府的参与，其大数据建设的体制障碍肯定打破不了。

（四）支持企业创新发展

在支持企业创新方面，当前最重要的是以下两项工作：一是深化改革，支持企业打破各种障碍、开拓市场；二是支持企业引进一流的人才团队。尤其是引进熟悉具体业务的云操作系统软件开发的团队。阿里云的操作系统之所以受到国内专家的好评，正是因为有自己设计的架构，并引进、建设了以王坚为首席架构师的云操作系统的开发团队。

四、要发挥好市场的作用

好企业不是单靠政府就能培育出来的，这是经验之谈。因此，要充分发挥市场的作用。

（一）要帮助客户优选云服务企业

优选云服务企业有利于创造公平竞争的机会，鼓励优秀的云服务企业发展；有利于保障客户的权益，扩大网络信息消费规模；有利于鼓励本地打造云服务企业的品牌，促进产业的健康发展。

帮助客户优选云服务企业的方法，首先要根据客户的需求，制定优秀云服务企业的评价体系。评价体系可以考虑五个方面内容：一是智慧技术先进；二是业务融合一流；三是管理制度严格，安全可靠，能确保客户的秘密；四是服务上乘，客户体验优良；五是机制先进，具有持续改进服务的品质，社会信誉度好。其次要引入第三方评价的方法，每年公布优秀企业的评价结果。通过实行"赛马"机制，帮助客户选择一流的服务公司，帮助政府择优采购智慧城市的云服务提供商，通过优胜劣汰的机制培育健康有序的云服务市场。

（二）要实施扶优择强的产业政策

重点是要通过竞争确定扶持的对象，优与强都不是自封的，也不是单靠评审验收"评"出来、"验"出来的，而是采用市场化评价、结果性评价的制度，根据客观的业绩统计出来的、竞争出来的。当然，扶优择强不是扶大不扶小。"小小秤砣压千斤"，关键要看功能、看结果。科技政策、人才政策、财税政策、金融政策、绿色环保政策等，都要根据客观业绩实行倾斜。

（三）要加强市场培育工作

一是要发布推广购买云服务的标准合同。要学习推广购买房屋的标准合同文本的经验。越是凭视觉、凭经验衡量优劣难度大的、技术含量高的贸易，越是要推广标准合同文本，防范质量陷阱；二是带头实行公开择优采购。在缺乏云服务提供商时或在开展试点过程中，由于公开招标有难度，可以先用议标的办法进行。这是不得已而为之的过渡性办法，是临时举措，要允许其试验。但一旦形成可竞争条件时，一定要通过公开招标的方法来进行；三是完善招标办法。重点是要改变货物采购与软件采购分离的做法，允许实行"货物＋服务＋技术"的"三位一体"的、一次性的公开采购办法；四是要接受投诉，依法保护云服务双方的合法权益，尤其是消费者的合法权益。

五、打造好云服务产业基地

（一）支持有条件的地方发展云服务产业基地

要认识到，云服务产业的发展，如同二十多年的高新技术产业发展一样，需要提供具有良好生态的空间。正是由于为发展高新技术产业提供了不同于传统产业的领导服务、创新政策、创业支持、市场开发、产业生态，因而诞生了"硅谷"与我国的诸多高新区。因此，为网络产业发展提供良好的生态，同样需要提供不同于一般产业发展的理念思路、体制机制、政策保障、产业生态以及优质环境的产业基地。一是产业基地要"优"发展，不能

"滥"发展，不能滥打云服务产业基地的牌子。只有在有合格的云服务企业、有支持云服务企业拓展市场良好体制机制的地方，能支持云服务企业开拓购买云服务市场的地方，才能支持云服务产业基地建设；二是产业基地要突出融合优势，错位发展。只有在某一业务领域能形成云服务优势，才能保证云服务产业基地的成功建设。因此，要按这个要求来把关。

（二）要支持滨江区打造网络产业国家自主创新示范区

经过 30 多年的改革开放，我国技术与产业领域的发展水平不断提高，逐步由跟踪发展，转向有的跟踪、有的并排前行、有的可能引领发展的阶段。如何使我国某些并排前行且有可能引领发展的技术与产业领域实现率先突破？为此，我国开展了国家自主创新示范区的试点工作，其特点是"三聚焦"：一是聚焦在某一技术与产业相结合且有一定优势的领域；二是聚焦在已批的国家高新区，即已是国家高新区的才可以申报；三是聚焦在引领国际发展水平的目标追求之上。

比较浙江省目前的各国家高新区，滨江国家高新区相对具备上述条件，原因在于：一是滨江高新区的网络产业相对发达，从研发到装备到服务业，网络产业链比较完整；二是滨江区培育了阿里巴巴、华三、海康、大华、中控等一批知名网络企业，形成了一批国内有影响的企业品牌，网络产业在全国各高新区之中有相对优势；三是滨江区产业发展生态相对优越。滨江高新区的领导对网络产业发展相对比较熟悉，政策服务相对较好，吸引人才团队的优势相对突出。

要重视帮助滨江区制定网络产业发展规划和网络产业国家自主创新示范区的创建方案，围绕技术引领、国际一流、技术与业务深度融合的要求，做强产业链，编制网络产业自主创新基地、网络产业创业基地、网络产业制造基地、云服务产业基地等空间规划，加强招才引智工作，加快改革开放的步伐，加快"腾笼换鸟"工作，使其加快建设、加快落地，努力实现一批农业云、工业云、商务云、安居云、娱乐云、医疗云等云公司"高企云集"的目标。

第三章　加强物联网应用业务的开发

只有加强物联网应用业务的开发，才能在满足物联网客户需求的同时，带动物联网服务业的全面发展、持续发展，形成在应用中发展、在应用中促创新，在应用中促改革开放、促提升发展的良好格局。

第一节　智慧城市建设的目标导向

什么是智慧城市的目标导向？就是要把为老百姓急需解决而又具体的难事放在智慧城市建设的首位。在智慧城市建设中，一个最大又最普遍的问题就是，偏离了为市民提供急需解决而又具体的难题的服务。因此，要重温智慧城市建设的目的，就是为了造福百姓。同时，还要强调评价智慧城市建设是否成功的核心标准，就是是否为市民提供了解决具体问题的服务，这关系到智慧城市可持续发展的问题。

智慧城市建设主导者（政府）、智慧城市建设提供者（城市云工程公司或城市云服务与工程公司）、智慧城市建设受益、评判及参与者（企业与市民），都要把解决具体问题的服务放在首位。《浙江省人民政府关于务实推进智慧城市建设示范试点工作的指导意见》（浙政发〔2012〕41号），提出浙江省智慧城市建设要为市民、为企业、为公共服务机构提供高品质的服务，包括为市民提供更便捷、更低碳、更有品质的生活和工作环境，为企业创业创造更有利、更优化的商业发展环境，为公共服务构建更高效、更智能的城市运营管理环境。

一、智慧城市建设要从具体专注、安全放心、"一揽子"解决问题的服务破题

（一）智慧城市要提供切实管用的日常服务

要从具体服务破题，要克服忽视解决具体问题、只想"跑马圈地"的倾向。智慧城市建设要从缓解老百姓关心的出行难、就医难、健康环境保障难、物流配送难、放心安居难等具体问题破题，具体而言，要做到以下三点：一是要转换理念，要把市民当作客户、当作"上帝"来对待；二是要把为老百姓与企业服务与建设服务型政府作为统一的目标；三是要明确企业的发展战略，要抓住两个关键：业务要专注（具体），水平要极致（高）。

例如，"智慧医疗"可以提供以下"五方面"的具体服务：

一是"智慧医疗"要以方便病人看病为核心。减少挂号、候诊、诊疗、化验、交费等排队时间（现在大医院每次看病要排队1~2小时）。

二是"智慧医疗"要为病人提供更便利的护理服务。

三是"智慧医疗"要减少病人的过多检查。

四是"智慧医疗"要为病人的准确治疗提供保障。

五是"智慧医疗"要方便病人的付费。个人健康档案卡、个

人支付卡与医保卡"三卡"合一，方便病人，方便医疗机构，同样也方便医保管理机构的管理。

宁波市鄞州区实施的"智慧健康"建设，已为市民提供了上述大部分的服务内容，主要有四项基本服务：

1. 网上预约挂号。通过市公共健康服务平台，提供预约挂号、诊疗信息查询和医疗资源查询等服务，平台日均服务量已超过 8 000 人次，累计服务人次超过 400 万人次。

2. 网上看检查单。用户可在手机上查询化验单。绝大多数化验项目，网络系统将提供化验单解读服务，对化验结果的临床意义及异常值进行分析。

3. 专家网络看片诊断服务。目前全市共建设 8 个区域影像中心。2013 年，鄞州区区域影像中心约服务了 30 万人次，其中纠错约 3 000 人次。通过网络将检查图谱传给专家，由专家进行会商做出诊断，辅助指导医生给予病人进行相应治疗。

4. 电子健康档案服务。健康档案记录了患者的基本信息、现病史、历史诊疗信息等医疗数据。患者随时可查阅自身健康状况的变化，医生可根据患者的电子健康档案进行诊疗。

又如，绍兴"智慧安居"提供的具体服务包括：

绍兴诸暨的智慧安居，初步建成了从城市社区到农村村级组织全覆盖的城乡一体"安居物联网"，建成高清数字视频监控专网，打通了二十多个部门"体制障碍墙"，建成了人、车、路、房、牌、卡、证为一体的"大数据"。

1. 提供安居指数评价分析服务。每天、每月对各乡镇、街道的安居等级进行评价，并为各乡镇提供社会稳定的分析诊断服务。

2. 便民应用服务。为群众提供出行、气象、停车、查询、查找走失的老人等服务。

3. 应急处置服务。联动 110 接处警平台，自动关联处置力量，将公安、联防队、社区保安等治安力量协同使用。

4. 流动人员服务。建设流动人口管理及特殊人员管理系统，对各类特定人员进行甄别和确认。根据不同的对象提供针对性的日常服务以及特定环境下的监督管理，打造城市安全管理防护体系。

再如，浙江"智慧能源"提供的具体服务包括：

浙江"智慧能源"项目提供了四项服务，为节约能源、减少排放做出了贡献：为企业节能提供计量诊断服务；为企业节能提供技术与工程服务；为用能企业与节能工程企业提供业务对接与交易服务；为各级政府提供实时的节能监管服务。智慧能源示意图（见图 3 - 1）。

（二）智慧城市要提供高水平的安全应急服务

城市在加快发展现代化的同时，安全稳定的风险更加凸显。

例如，天然气管道安全问题、高层建筑消防问题、电梯安全问题等，都会随着城市化发展而更加凸显。

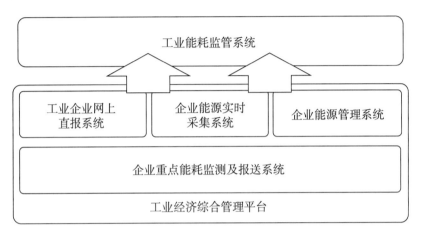

图 3 - 1　智慧能源示意图

消除危险，防控事故，一是重在防。要把矛盾处理在未发之时。二是重在控。一旦发生事故，要把事故控制在小发、初发阶段；同时加强救助工作。城市的天然气网建成智慧气网以后，就可以最大限度地防止事故的发生；即使发生事故，也可以从家庭、楼道、社区等节节防、处处进行自动化防控，把事故控制在局部、初发之时。城市智慧天然气网多级分区安全防控如图 3 - 2 所示。

（三）智慧城市要提供安全放心的服务

1. 市民与企业对网络侵犯个人隐私、商业技术秘密等很担

心。因此，要把提供安全放心的服务，作为智慧城市建设的基本
问题来对待。

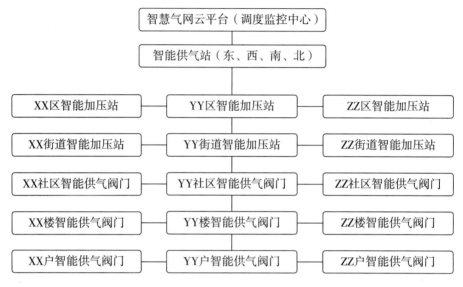

图 3 – 2　城市智慧天然气网多级分区安全防控示意图

2. 解决网络安全要靠企业、政府共同努力。企业要注重技术
创新、管理制度创新，解决好客户权益的保护问题。政府要通过
完善法律，加强制度规范、标准建设，强化执法来综合解决这些
问题。

(四) 智慧城市建设要致力于提供"一揽子"解决问题的服务

网络应用的基本矛盾，主要是先进的大数据、云计算、物联
网、互联网技术迅速发展与管理阶层相对落后的科技素养、相对

滞后的管理制度之间的矛盾。解决这个基本矛盾的简便而有效的方法是，创新商业模式，为客户尽可能地提供"傻瓜照相机式"的服务。

（五）要把建设智慧城市与建设服务型政府作为统一的目标

智慧技术可以成为实现城市治理体系与治理能力现代化的重要手段。智慧城市建设的目的是通过各类业务的开展，加强公共服务、市场监管、社会管理及环境保护，从而更好地发挥政府公共服务的作用。

浙江省智慧城市业务逐项开发的好处：一是容易得到市民的支持；二是容易突破现有体制的障碍；三是可以与政府任期的目标相对契合，具备一任接着一任干的优势；四是为每项业务的再云化留下了空间。表 3 - 1 列示了智慧城市建设与服务型政府建设的关系。

表 3 - 1　智慧城市建设与服务型政府建设的关系

智慧城市建设的目的	更好地发挥政府公共服务的作用		把智慧技术作为实现城市治理体系与治理能力现代化的手段
智慧城市建设的业务	加强公共服务	智慧交通、智慧医疗、智慧教育	
	加强市场监管	食品、药品的安全监管等	

续表

智慧城市建设的目的	更好地发挥政府公共服务的作用	
智慧城市建设的业务	加强社会管理	智慧安居（安防）、智慧（天然）气网、智慧油管网、智慧消防
	加强环境保护	智慧环保（治理）、智慧制造、智慧（水、气、土）监测

二、政府在智慧城市建设中要发挥更好的作用

（一）要培育和推介高水平的公司

政府培育专业的城市云工程服务公司，总的原则是要发挥市场主体的作用、发挥市场机制的作用，放开"无形之手"起作用的空间；同时，要重视在技术与产业孕育期这个特殊阶段发挥更好的作用。

1. 努力为城市云公司创造业务开发的机会。为此，浙江开展20个智慧城市业务示范试点，目的是推动市场与城市云公司的"双重培育"。

2. 要帮助客户找最好提供城市云工程服务的企业。方法是：建立智慧城市的评价体系，通过第三方采购评价，每年评价并公布优秀的城市专业云工程服务公司。评价标准主要包括五个方

面：安全可靠、服务高效、技术一流、管理严格、机制先进，要形成有利于客户择优的"赛马"机制。

3. 加强对购买云服务市场的监管。要依照法律与合同进行管理，及时中止违约企业的业务，保障优秀城市云工程服务公司的脱颖而出。

（二）要抓好首购市场业务的示范

目的是培育新的服务市场，培育合格而优秀的专业云工程服务公司。为素质好的公司提供首购业务的合理的政策保障，探索类似 BT、BOT 等可推广的政策模式。

（三）全面实行购买云服务

通过政府购买云服务的模式，让老百姓获得更高效率的持续服务。

一是有利于解决居民的出行难、就医难、安居难、食品药品安全保障难等具体问题；二是有利于政府管理体制改革，加快服务型政府建设；三是有利于发展大数据。

从体制创新的成功概率看，购买云服务从基层、从城市突破，比较容易成功。与"十二金"条条为主的信息化阶段不同，智慧城市主要以区域性的应用为主，以局域网与专用网为主，基层信息化的体制创新的主动权增加。

政府推广购买云服务，重点要注意以下几个方面：一是要改革原有信息化财政性资金的使用制度；二是要开展购买云服务的试点，并逐步推广；三是要探索有效的云服务市场监管形式；四是要支持产业链中的"短板"的技术创新与各类商业模式的创新。

（四）政府要把专用物联网与城市基础传感网建设好

物联网是包括专用网在内的云、管（网）、端一体化的一个体系。专用网是个不可或缺的组成部分。城区的专用网，如"智慧交通"是集数据在线实时定位计量监测采集、交通数据在线实时传输、交通服务在线实时发布、人车路场等实时互动的一个专业的物联网体系。这是一个由政府负责建设，而不是由电信营运商负责建设的交通物联网体系。

城市政府要统筹加强城市传感网的建设，把这项工作作为智慧城市的基础与基本建设来抓。各类传感器、射频识读终端、视频监控等设施的建设，首先要加强规划，抓好总体设计；其次要加强统筹，按照统一布局进行建设，要防止重复建设、无序建设，部门各自为政、分散建设；最后可以分步实施，但必须有序推进，按能共建共享、集约高效的要求进行。专用网的建设也要遵照兼顾共享、综合利用的原则进行。西班牙巴塞罗那按统一规划，2013 年在城区开始布局建设 20 万个传感器，以后逐年扩展的经验值得我们学习和借鉴。

三、智慧城市建设的市场化运营主体要承担具体服务支撑职责

负责各项专业业务的城市云工程与服务公司，要加强以下四方面的工作：

（一）专注发展，追求极致，创出品牌

云工程服务公司要注重六个字：专注（专业）、极致、品牌。

1. 专注：专注于专项业务，形成特色，抓住业务"类客户"，不要追求"泛客户"。

2. 极致："极致"就是追求高品质、高水平。

3. 品牌：专业打造优势，极致创建品牌。

浙江正在并将继续鼓励和培育云公司做专、做强。一方面，培育阿里云等已有专业品牌影响的云公司；另一方面，对有希望提升发展的云工程服务公司将加强培育。

（二）注重商业模式创新，做好业务应用的示范

只有明确创新商业模式的价值意义，才能突破公司业务"瓶

颈"所在；才能找到加强企业内部资源整合、创新运营服务模式的方向；才能把市民作为业务客户群来对待，找到市场业务开发的突破口；才能得到各级政府的青睐，承接到业务，持续地开发业务。

同时，要把商业模式创新作为开发市场业务的突破口来抓，云工程服务公司要为商业模式创新提供范式。

（三）要改变监管方式，支持总包与"众包"类的分包

例如，阿里巴巴的余额宝，提供余额宝资金的客户是业主，是甲方；总承包商天弘基金，是乙方总代表。

（四）加强管理创新，维护客户的秘密、合法权益与网络秩序

1. 注意加强对服务对象、对客户的忠诚度文化建设。

2. 加强对企业内部的管理。用严谨的制度来保障客户的秘密与合法权益。采用 ISO9000、ISO27001（信息安全管理系统）等管理体系与制度。

3. 建立企业内部的监管机制。对每个服务环节每个岗位每个服务行为进行全领域的、全过程的追溯监管。

4. 把加强客户的隐私、技术秘密、商业秘密乃至公共安全秘密的保护，作为企业持续发展的核心战略、"独门秘籍"。

第二节 智慧城市建设的难点与对策[*]

一、我所理解的智慧城市

智慧城市是物联网应用的有效形式。

（一）智慧城市建设的三种类型

第一，技术工程项目建设型。即把智慧城市当作技术工程项目来做，以承接技术工程项目为目标。其特点类似于建筑工程公司，忙于到处投标承包，技术工程一完成，政府与技术工程公司的业务关系就结束了。

第二，数字城市扩充型。这种类型的智慧城市建设存在的问题是，一是仍停留在数字城市的水平上，缺乏对数据的智慧处理能力的开发，城市服务运营水平没有提升。关键是没有明白数字城市与智慧城市的区别。数字城市与智慧城市是不同的。

---

* 本节基于作者 2013 年 11 月 3 日在中国信息化百人会上的演讲内容修改而成。

智慧城市是以改变原有的服务、运营、管理方式为前提的，是以提供更智慧的服务为标志的。如"智慧水网"、"智慧电网"，无论管网哪个环节出现问题，都能自动发现并可自动防控，实现自主应急处置，不会造成混乱。二是"信息孤岛"现象仍然存在。

第三，智慧能力建设型。其建设追求的目标有以下五个方面：一是具有业务的云、管、端一体化的整体智慧。例如"智慧交通"，交通数据是由云存储并由云计算提供智慧处理与指挥的；管，就是专用管网，具有智慧的数据感知与数据传输功能；端就是智慧终端，是具有智慧执行能力。二是具有对市民主体（客户）、城市公共服务力量、依法监管力量等人、机、物的系统协同运作的能力。例如"智慧交通"，就是最大限度地对人、车、路、场的关系进行智慧处理，使人与车、车与路、车与停车场之间实现高水平的有机协同。三是具有基础标准与应用业务标准相统一的标准规范。四是具有"一揽子"解决问题的云公司的服务。五是具有技术手段与法律手段、管理手段相协同的网络权益、秩序与安全的保障能力。

当然，我是赞成第三种建设类型的。

（二）智慧城市的特征

智慧城市主要有以下五大特征：

第一，智能感知。智能终端全面建设、业务传感与业务处置装备专用网络完善，能实现实时感知、全面感知与立体感知。

第二，系统协同。装备资源的系统整合完成，技术能力的系统整合实现，数据的系统采集与利用的协同能力齐备，服务与监管力量系统协同的机制形成，主要体现在一卡通、一链通、一令通上。

第三，智慧处理。建立在大数据、云存储、云计算、业务建模和智能分析等服务之上，业务操作系统软件先进且安全可靠，具有高效智慧地利用业务数据的处理能力，改变了"只有数据存储而缺乏高水平处理"的状况（跨越了数字城市阶段）。

第四，机制先进。主要表现在：一是投资运营机制高效。居民、企业、单位、政府广泛采用数据托管、购买云服务，云服务公司技术力量、管理水平、服务质量一流。二是权益保障追溯完善。保障客户隐私、合法权益、商业秘密、信息数据安全的技术追溯体系、责任追究体系、企业组织内部的保障体系全面建立。三是监管体制管用。行政、司法的网络法制建设完备，执法力量专业，对网络的违法行为打击及时；网络的实名制健全，居民与涉网人员知法守法、用法，社会参与网络依法监管的体系壮大；网络的生产、消费、服务保障有力。

第五，服务优质。智慧业务投入服务运作、质量优良，居民与客户满意度评价高。

二、智慧城市建设面临的问题与挑战

（一）达不到"智慧"要求的问题

主要体现在以下三方面：第一，在认识上，把智慧城市等同于数字城市。其实智慧城市与数字城市是信息化不同发展阶段的产物。智慧城市基于数字城市，但高于数字城市。第二，在技术上，没能开发"一揽子"解决问题的业务操作系统软件，不能实现"一卡通"。第三，在实践上，缺乏安全可靠、管理严格、服务一流的专业云工程服务公司，缺乏智慧城市建设的成功案例与经验。

（二）信息孤岛、网断联难的问题

智慧城市实际上是物联网的具体应用。其障碍主要有以下三方面：

第一，部门分割、条块分割的小数据中心的建设体制，造成众多的"信息孤岛"攻破难。智慧城市建设既要解决过去"信息孤岛"的问题，还要解决专业物联网的建设体制问题。

第二，标准不统一，业务操作系统软件难以模块化开发。例如人车路等基本的数据单元，不同的领域，不同的管理部门各搞一套。标准化是始于工业文明的一项标志性的成果。虽然我国的工业化快速发展，但是工业化的文明建设跟不上，标准化文化建设相对滞后。已进行了几百年工业化的发达国家对工业的标准化理解深刻，社会文化认同度高，服从统一标准已成习惯，对此，我们要加快补课。

第三，对于业务传感与应用装备专用网建设，各个部门甚至在一个部门内部都各自为政，造成"有网无联"。例如治安、城管、交警等部门各自有一套探头，不仅不相容，而且布局不合理、水平低，整合的难度大。

（三）体制难以突破的问题

从体制方面来说，主要是投资、建设、运维、使用、监管的体制机制不健全。第一，在投资与建设体制方面，由财政拨款、给各部门分别建设的体制尚未改革。这导致重复建设多，业务专用网建设水平低，全面感知、实时反映能力弱，数据处理水平低。第二，在运维体制方面，技术类、事务类等业务没有与政务系统的队伍剥离，仍由政府部门内设信息机构直接负责。第三，新的商务模式创新不足。安全可靠、管理严格、服务高效、保障有力的云工程服务公司尚待培育。政府购买云服务的采购方式、政策保障、业务监管等与新的商务模式创新不匹配。

（四）网络权益与安全保障举措失配、错配问题

在这方面，主要存在五个问题：一是缺乏法律手段、技术手段、工程手段、管理手段协同配套的统一设计，各种手段运用能力不足。二是保障网络权益与安全的执法、司法力量薄弱，专业能力不强。三是云服务公司制度建设滞后，管理不到位，缺乏责任追溯体系。四是网络实名制等基本制度建设不健全。五是网络的安全技术、工程技术创新与应用推广的投入不足。

（五）网络基础设施建设问题

泛在、互联、高效、优质、廉价、便利的网络基础设施是智慧城市建设的先决条件。目前主要存在的问题是：第一，泛在网建设进展慢、覆盖水平低。第二，各类专用物联网络自成体系，相容性低，传输速度、质量不高。第三，商用网络收费偏高，制约了各类物联网业务的发展。第四，业务专用网建设落后，重视不够，投入不足。第五，网络的"最后一公里"重复建设多，小

区入户重复率高，不利于家庭、社区物联网的与骨干网的分别建设、有机对接与业务开发。

三、智慧城市建设要有明确的目标追求

智慧城市建设有四大目标：一是为市民提供更便捷、更低碳、更有品质、更有尊严的生活与工作服务；二是为企业提供新的发展手段，创造新的更有利、更优良的发展空间；三是为公共服务提供更高效、更智慧的服务模式，为城市创建新的服务运营体系；四是为传统产业的升级提供新的技术工具、网络支持、制造方式以及商业模式。

四、破解智慧城市建设难题的对策

要围绕智慧城市建设的目标追求，研究破解难题的对策举措。

（一）主攻智慧云服务技术，加强云、管、端一体化的技术创新

实施创新驱动发展战略，确保智慧产业技术创新优先安排。第一，加快大数据、云计算、智慧物联网、移动互联网等新一代

网络信息技术的创新，尤其是云存储、云计算等云服务产业的技术创新。第二，加快开发智慧城市（"智慧医疗"、"智慧安居"等）业务操作系统软件与智能终端：首先，以形成技术、业务、服务质量保障管理三结合的，以提升智慧服务能力为目标的业务操作系统软件的开发；其次，加强数据综合传输技术的创新；最后，抓好智能终端装备的开发。第三，加强网络安全技术、工程安全技术的创新。第四，培育能"一揽子"解决问题的专业强、水准高的云服务公司。

（二）以政府购买云服务作为改革的突破口，推进智慧城市的建设与运营体制创新

第一，加快购买云服务的市场培育。购买云服务，这是一种网络产业的生产方式、经营管理方式、分配方式的大变革；购买云服务的主体包括个人、企业、单位、政府等。市场规模大、扩张开发快，才有利于调动各类资本与要素的投入，才能加快发展，抢占先机。第二，率先推广公共服务的购买。这有利于发挥示范引领作用，解放大数据的生产力，有利于移动互联网、智慧物联网等网络产业经营体制创新，有利于打破"信息孤岛"的体制僵局，有利于激发网络经济发展的市场活力。第三，营造有利于云服务产业发展的生态系统。加快培育安全可靠、服务高效、

技术水平一流的云服务公司；政府要设立购买网络公共服务的专项资金，出台扶持政策，加强权益保护；要在全社会形成购买云服务的共识与氛围。

（三）以统一数据基础标准与打通各类业务标准为重点，防治"信息孤岛"

防治"信息孤岛"要着重解决两大问题：第一是数据基础标准，要在"统一"二字上下功夫，这相当于统一度量衡的"车同轨"；第二是各类业务标准体系的对接，要在"打通"二字上做文章，相当于各条高速公路之间的"连连通"。具体来说，一要通过"加强协调"来消除基础标准"不统一"的问题；二要通过"补充建设"来解决业务标准体系之间连通难的问题；三要通过"联合试点"的实践来解决业务标准体系之间"互接"的问题；四要通过"实践检验"来解决标准体系实用性不强的问题；五要通过"签订共同协议"的方法来解决标准体系建设各搞一套的问题。

（四）加强法律、管理、技术等手段的配合，确保智慧城市网络权益、秩序与安全

在法律方面，要制定相关法律法规，保护隐私、保护网络权

益；在体制方面，要购买云服务，云服务公司要建立责任追溯制度；在制度方面，要实行实名制、风险评估、等级保护等制度；在监管方面，要开展网络专项整治，依法监管，并加强对网络企业的依法管理；在技术方面，要统一技术标准，加强工程建设，确保网络安全。

（五）以共建共享为原则，加快泛在网、专用网的建设

一是统筹发挥有线网、无线网、北斗网的作用，系统推进泛在网的建设。要加快 4G 网络发展，因为它投资小，对泛在网建设贡献大，建设成本低，网速快、传输质量好。二是按照"整体规划、统一建设、多家共用"的原则，解决网络建设"最后一公里"扰民问题和骨干网与社区网、家庭网的服务对接问题。三是加强业务专用物联网的建设，加大对城市基础传感网的投入。

第三节　购买云服务是一场体制大变革

大数据、云计算、移动互联网、智慧物联网等新一代网络信息技术革命的展开，有力地催生了移动互联网与物联网两大网络

经济时代的到来。阿里巴巴的电子商务风生水起，企业快速发展，成为这场国际金融危机后最吸引国内外眼球的就兴业务之一。人们对"光棍节"（双 11 节）的关注热度未减，凭借阿里云大数据的低成本客户信用评价优势，一场第三方电子支付、余额宝、阿里参股网络保险、客户小额贷款的阿里互联网金融又牵动着金融界的神经，尤其是阿里客户小额贷款，以无须抵押、担保、快速申请、快速审批的信贷高效服务模式受到众多中小企业客户的欢迎，从新的角度破解了中小企业融资难的世界性难题，在网络经济（互联网经济、物联网经济）领域演绎着精彩的神话。

阿里巴巴诞生在杭州，成长在浙江，我们除了为它的发展鼓掌与骄傲，并提供呵护之外，还应该研究阿里现象，总结阿里经验，挖掘阿里产生与发展的动因与规律，掌握并运用好阿里发展的奥妙与技巧。借机加快移动互联网、物联网产业的发展。

网络经济或网络产业是一种新的经济发展方式，是一种新的先进生产力，是当前利用科技红利的主攻方向之一，是实现中国经济"升级版"目标的重要保障。加快网络产业发展，最重要的是注入新的体制活力，对阻碍网络产业发展的体制进行建设性的改革。

购买云服务是指购买数据的云存储与云计算服务，具体是指居民、企业、事业单位、政府作为购买主体的一方，与提供云存储与云计算服务的云服务公司为主体的另一方依法产生的商务活动关系。

一、购买云服务是发展大数据生产力的一场大变革

（一）购买云服务是事关解放与发展大数据生产力的大变革

购买云服务是购买数据云存储服务与购买业务云计算服务的统称。

居民、企业、单位、机关购买数据的云存储服务，形成了大量数据的处理需求，促进了大数据与大数据服务业的发展。如居民的各种数字化照片集中存储到"网易"的云服务器上，如果"网易"在确保客户隐私的前提下，对这些照片的着装数据、环境背景、女人项链饰品等数据进行专业性的挖掘，就可以为服装行业、旅游行业、贵重饰品行业的流行趋势、时尚风格、市场规模、区域时令需求变化等进行准确的预测，从而形成大数据的生产力。

大数据生产力与数据存储规模成正比关系。数据规模越大，大数据的生产力发展越迅猛。大数据是对人们经济社会活动产生的数据的总称，包括文字数据、图表数据、声音数据、影像数据、数字数据、物联网自动采集的感知数据等，而且往往与位置数据（地理数据）、时间数据等相契合，形成了时空数据集。时空数据集的大量产生，形成了大数据的生产力。

大数据的生产力体现在以下三个方面：

1. 数据、信息、知识、智慧的梯次型生产力

大数据（数据海）的诞生，形成了呈梯次型的数据、信息、知识、智慧生产力，可以用图 3 - 3 来表示[①]。

图 3 - 3　数据、信息、知识、智慧三间的关系

2. 具体业务数据的生产力

对已知关系数据的利用开发，形成了具体业务数据的生产力。具体表现在：对商业客户关系数据的开发与有效利用，诞生了电子商务；对患者、医疗机构、社保管理部门等关系数据的开发利用，形成了"智慧医疗"；对城市人、车、路、场（停车场、停车位）关系数据的有效开发利用，产生了"智慧交通"等。温州美特斯邦威的服装电子商务，与阿里巴巴的电子商务不同，是一种

---

① 资料来源：涂子沛著，《大数据》，广西师范大学出版社，2012 年 7 月版第 88 页。

专业的电子商务。它开展了中小企业服装订单定制、协同制造的网络服务。因此，它既提供了服装电子商务服务，同时又成为一个服务协同制造的平台，由此产生了网络协同制造的生产力。

3. 新的业务数据生产力

对原来未知的非关系数据的挖掘、整理，发现了新的关系数据结构，产生了新的业务数据生产力。最典型的是阿里巴巴的发展。首先，阿里巴巴集团对商业客户关系数据的开发利用，诞生了阿里巴巴的电子商务平台；进而为了满足电子商务客户的需要，利用供应商与消费客户之间现金支付的关系数据，开发了第三方"支付宝"；再进而利用对每家淘宝网店经营积累起来的信用关系数据，开发了每家网店信用积分的评价体系，依托这种几近零成本的、实时、准确度高的网店信用积分评价结果，又开发了无须抵押、担保的小额贷款业务，诞生了互联网的小额贷款集团公司。现在，他们又利用对网购快递包裹时空数据关系的挖掘，进行"菜鸟物流"平台的开发。

综上所述，大数据生产力是一种互联网、物联网经济的现实生产力。大数据生产力是以超越居民个人隐私、企业技术与商业秘密、社会公共安全与国家安全秘密之上的大数据作为利用对象，以云计算技术作为工具，以不断发现、开发、有效利用各类关系数据作为业务内容，以互联网或物联网作为依托的一种新型生产力。

对于云服务产业、互联网或物联网产业的发展来说，购买云服务就相当于农村"大包干"（家庭承包制）对农业生产大发展的那样一场大变革，两者比较见表 3-2。

表 3-2 "大包干"与购买云服务的比较

类别	解放的生产力	分配体制的改革	经营发展体制的改革	大变革的结果
大包干	农业生产力	农民：交足国家的、留足集体的、剩下的都是自己的	长期不变的家庭承包制，让农民把承包地当作自己的资产一样保护管理	极大地调动了农民的生产积极性，创造了农业三十多年快速增长的奇迹
购买云服务	大数据生产力	云服务公司：服务好客户、保障好客户数据法定的权益，新开发的数据业务收入全是自己的	巨大的数据开发利用空间，让云服务公司把客户的数据与权益当作自己发展的根本一样珍惜、保护与管理	可极大地调动居民、企业、单位、机关与云服务公司的积极性，新型网络产业大发展可预期

（二）购买云服务是推动网络技术事业型应用向网络技术产业型跨越的体制大变革

购买云服务是网络服务商业化的一场变革。它改变了每个单位、每个机关部门分散投资、运维数据中心事业型的发展方式，形成了少数企业投资、运维、管理云平台，多数单位、部门购买云平台服务的产业型的集群发展模式。

购买云服务，改变了网络技术事业型的投资应用模式。过去的网络信息技术应用，每家企业、医院、机关部门都有网络信息技术应用的内设机构，走的是一条自我投资、自设机构运维管理、不计成本、不单独核算、不讲效益的"事业型"的发展路子。这样的路子，从企业、医院、学校、机关部门内部来说，是多建了一个无法实现规模效益与考核的事业型机构；从单位外部来说，是云平台产业化、市场化发展的一种障碍。因此，从每个单位自办云平台（数据中心）到购买云服务，就如同农业社会粮食、蔬菜、棉花等自产自用的"种为用"的小农经济向商品粮、商品菜、商品棉等"种为卖"的商品经济跨越一样，这是一个历史性的跨越，这是一个具有市场化产业化巨大意义的惊险一跃。只有这样的"关键一跃"，才能迎接新型网络经济时代的到来，并抢占先机。

云平台的企业化投资建设，形成了云服务产业。居民、企业、事业单位、机关购买云服务，形成了云服务市场，促进了云服务产业的发展。云服务产业是新型网络产业的主要载体和模式，它的发展必将迅猛地推动新型网络产业的大发展。新型网络产业是有别于电子产业的一种产业形态。电子产业的商品形态是"货物"，新型网络产业的主要商品形态是"高技术服务"。

（三）购买云服务推动了网络企业经营机制的大变革

1. 购买云服务推动了网络服务企业经营机制的完善

新型网络产业经济是人本经济、人才经济，主要依靠的是掌握高技术和高端服务业发展智慧的优势人才团队。因此，购买云服务有利于建立云服务质量、效率与水平的单独考核评价机制，形成市场竞争的压力，加快技术创新和服务水平的提高；在云服务企业内部也有利于建立人员能进能出、薪酬能高能低、岗位能上能下的竞争机制，不吃"大锅饭"。

2. 购买云服务，形成了企业保护客户秘密的机制

从对客户的隐私、技术秘密与商业秘密保护方面看，由于内外竞争的压力，由于云服务对象的要求，由于品牌与社会责任形象建设的驱使，更由于扩大客户的数据是云服务公司发展的根本依托，云公司会更加注意加强对服务对象的忠诚度建设，加强对企业内部的严格、严密管理，采用 ISO9000 等管理制度，建立质量与过错的技术追溯体系与制度，对每个服务环节、每个岗位、每个服务行为进行全领域、全过程的追溯和追责。因此，客户隐私、技术秘密、商业秘密乃至公共安全秘密的保护，可以在企业层面得到切实的加强。

过去有些互联网企业靠的是卖"看点"，开发的是"玩"与

"聊"的市场；而云服务企业卖的是"数据"或者是"数据关系业务"，开发的是依托在关系数据之上的服务市场。这有可能改变目前我国与发达国家网络发展方面存在的业态差距。

二、要把推广购买云服务作为一场改革来部署

在思想上，要把购买云服务作为一场革命来对待、一场改革来推进。邓小平同志说过，改革是社会主义制度的自我完善，也是一场革命。小平同志的这个定义，既表达了对改革性质的准确定位，也表达了对改革复杂性、艰巨性的思考，还表达了要像干革命那样具有推进改革的坚定意志与不可动摇的决心。打破自办网络的格局，实施对云服务的购买，同样是一个充满矛盾、事关思想观念与利益格局的调整，是事关技术进步、企业培育、依法管理等能力建设的复杂系统工程，尤其是事关高科技产业发展的改革，其复杂艰难程度会成倍地提高。我们理应对此有足够的估计，用好机遇，精心部署，务实推进。

（一）要廓清界限，扫除人们对购买云服务的思想顾虑

当前，要加大对"四个关系"的宣传："开放数据不等于开放个人隐私"、"政务公开不等于私密与公密的随便公开"、"提倡网

络反腐不等于允许有法外特权"、"虚拟社会不等于不讲法制的社会"。对于网络，必须回归到依法建设、依法使用、依法运营、依法治理的轨道上来。绝不能允许网络社会成为践踏法制，随便侵犯公民、企业、单位合法权益，成为侵犯社会公共安全利益的世外领地。

这里有两点必须明确：其一，数据是对众多的具体个人信息的一种抽象。要正确理解并区分数据元、数据集、关系数据、非关系数据、数据流等概念。例如，"网易"对客户照片的托管，每张照片都是一个数据集，属于客户的隐私，未经客户允许，"网易"不能随便向第三人提供，否则就是违法。但是，"网易"可以在不侵犯客户隐私的前提下，对众多的照片上的服饰数据元进行系统的分析、开发利用，寻找新的商机。同样原理，政府掌握的数据开放不同于政务公开，数据开放不等于具体秘密内容的开放，一般只是上述"数据元"的开放，否则公务人员的行为也可能构成侵权违法。其二，云服务公司在开展业务时，也难免会涉及客户的个人隐私、技术秘密与商业秘密，但这与执法、司法人员一样，涉密不等于可以违法使用秘密，否则同样构成违法。

（二）要依法培育与规范购买云服务市场，确保各方的合法权益

培育与规范购买云服务市场也是一场改革，是一场依法推进的改革。

1. 要严格对双方主体履责能力进行审查，不具备履责能力的市场主体不能进行购买云服务的商业活动。当前，特别对云服务的"卖"方主体的履责能力要进行严格的审查与评判。评判审查的方式，如公开招标，主要体现在招标书投标条件的设定与投标后的审查二个环节；如果议标，主要体现在评标条件、标准的设定上与专家委员会的评标审查上。对于云服务卖方履责能力的要求，主要有以下几条：第一，是否已依法取得云服务的商业资格；第二，技术是否先进可靠，尤其是否具备云存储、云计算的能力，是否能够开发委托业务的操作系统软件；第三，管理制度是否健全、安全可靠，包括是否实行了 ISO9000 等质量管理制度，是否建立全面的全过程的质量与过错的追溯制度与技术保障体系；第四，是否有稳定与良好的经营管理团队、技术开发团队和过硬的员工队伍，具备履责的财务能力、商业信用、良好的企业品牌等。

2. 要按照"负面清单"的思维方式，起草并签订严密的购买云服务合同。尤其是要对可能导致损害到客户隐私、技术秘密、商业秘密、公共安全的秘密等行为进行严格的规范。

3. 要进一步完善招投标办法。允许对"装备 + 软件 + 服务"进行合并招标；对购买云服务这种高技术服务，可以实行不同于普通货物商品的招标、评标、定标办法。

4. 要明确对购买云服务的评价标准、方式和相应的激励机制。公共服务方面购买云服务的，要建立以市民满意为中心的评价标准与评价方法，并建立与评价结果挂钩的付酬机制。

5. 要明确双方的监管方式、监管内容与监管体制。利用合同规范购买云服务行为，是促进云服务企业持续健康发展的保障，也是确保各方合法权益，确保云服务市场有序发展的保障。

（三）积极营造购买云服务的发展生态，营造有利于改革开放的环境

1. 各级政府带头开展购买云服务。可以以一个社区、乡镇、开发区、几个业务关联度高的部门为单元，开展购买云服务的试点。在试点成功的基础上，实施分批推广的计划。一级政府要明确购买云服务的全覆盖时限，以有利于对原各部门数据中心进行有序而平稳的替代，保障正常的政府服务不中断；一级政府购买云服务的全覆盖一般以 3～5 年为宜；要采取鼓励性的政策，加快在学校、医院、公交、供水、供气等公用事业单位购买云服务的推广工作，加快在国有企业的推广工作；要以事实来说话，宣传好成功购买云服务的案例，形成全社会购买云服务的时尚。

2. 设立政府购买云服务的专项资金。首先，专项资金数量要保障购买云服务的需要。其次，要完善政府采购招标办法，出台鼓励"装备 + 软件 + 服务"相结合的招标、采购的办法。如"智慧交通"的采购，要把城市"智慧交通"的云服务、业务操

作系统软件、交通感知与道路数据处理专用网装备一起采购或一宗采购。再次，要改革政府信息化的财政资金的拨款制度。要制订出台一级政府 3～5 年全覆盖的云服务采购计划，对照进度逐个减少乃至停止对部门数据中心的装备更新、运维经费安排，调整为购买云服务的专项年度支出经费。最后，出台妥善安排原各单位数据中心工作人员的政策。根据加强事前、事中、事后全程服务的要求、"转岗不下岗"的原则，经过培训，把原部门信息中心的有关人员安排到加强决策调研、全程跟踪监管、购买云服务合同执行、评价购买云服务业绩等急需加强的环节上来。

3. 贯彻国务院文件，实行鼓励居民、企业购买云服务等信息消费、支持扩大信息消费供给能力的政策。对困难家庭、特殊人群购买云服务的经费可以给予部分乃至全部的补贴，补贴的方式可以直接支付给为其服务的企业，也可以通过发放购买云服务专项消费券的办法进行；认真落实高新技术企业、高技术服务企业的税收优惠、要素配给等各项政策，鼓励云服务企业提升服务能力，引导其健康发展，打造大而强的云服务企业。

4. 实行支持云服务产业技术创新的科技政策与人才政策。要按照以企业为主体、加强薄弱环节、突破"短板"、做强产业链的要求，加强对物联网产业云、管、端一体化的垂直整合的整体部署，加强对云存储技术、云计算技术、与业务管理相结合的业务操作系统软件、各种网络的综合传输技术、智能终端的即用即传技术等关键技术创新的支持，设立重点企业研究院，设立定向科技攻关的重大专项，支持企业主持建设的产、学、研结合的协同创新团队，加快产业技术创新的有效突破，抢抓云服务产业等物联网应用发展的制高点与主动权。

（四）加强依法建网、治网、管网、用网，综合施策，切实提高网络权益与安全的保障能力

没有坚强有力的网络权益、秩序与安全的保障，就必然错失移动互联网、物联网最大的发展机遇。我们绝不能让中华民族明代以后、清末之前的不重视科技革命与工业化转型的教训与落后挨打的历史重演。

1. 要加强保障居民、企业、事业单位、社会组织、公共安全等网络权益、秩序与安全的有效宣传，抓好物联网与移动互联网对中国发展价值、机遇的重要性宣传，营造共识。

2. 要加强网络立法。要制订网络立法计划，按照急需的顺序和立法的规律，加强网络立法，确保网络的建、管、用有法可依，确保在中国的大地上，领空、领海、领土内，无论是现实社会还是虚拟社会，无论是网络云下还是网络云上，都有中华人民共和国的法律管制，确保人民与国家的权益不受任何的侵犯。

3. 要开展依法治网的专项行动。加强网上刑事、民事、治安

犯罪的执法与司法工作。要加强依法用网、保障自身合法权益的法制宣传工作。要合理配置行政执法与司法资源，设立网络的刑侦、民侦、巡侦等警察队伍。设立网络检察科、网络法庭，切实加强网络执法、司法能力建设，提高网络的执法、司法水平。

4. 要建设以法制为主导，管理制度与工程措施、技术保障相结合的网络安全保障体系。鼓励有自主知识产权的网络安全产业的发展，鼓励具有自主知识产权的产品、服务的采购，实行关键领域采购的审查制度，确保网络安全、社会稳定、金融与电网等事关国计民生的重大领域安全，保障国家安全。

三、发挥购买云服务的"引领"作用，促进物联网产业发展

（一）要把云服务作为移动互联网、物联网产业发展的龙头来抓

云服务产业与移动互联网、物联网产业发展是一个引领与被引领的关系，云存储与云计算是网络产业、网络经济发展的龙头、制高点；没有云服务产业就没有可持续发展的网络产业与网络经济，就没有可持续发展的移动互联网、智慧物联网经济。现阶段，最重要的就是推广由一个云服务工程公司来承包智慧城市的一项业务，改变"项目工程"式的建设或者"停留在数字城

市水平"的建设格局。

（二）准确理解实质与内涵，切实加强商务模式创新

网络产业的商务模式创新，简而言之，就是要提供"一揽子"解决问题的商务模式，或者说就是要实现"一卡通、一键通、一令通"的商务模式，其特点是把一个单位业务的网络工程设计、装备选型采购安装、业务操作系统软件开发、业务专用传输网的建设与以后日常"云服务"运维实行总承包、长承包，为业主提供"交钥匙"或者说"交卡、交键、交密钥指令"的服务，如"智慧安居"、"智慧交通"、"智慧医疗"等。

（三）加强以云服务为核心的商务模式创新，实现网络产业的快速发展

移动互联网、物联网的商务模式创新与传统产业的商业模式创新的区别主要有两点：一是提供的是高技术服务；二是提供的是网络化持续不间断的服务。

物联网商务模式的创新，是购买云服务与促进网络产业发展的有效实现形式。只有发挥购买云服务的"引领"与商务模式"实现"作用，才能促进物联网产业发展。

物联网的商务模式创新有自己的专业特色，具体要把握以下

几点：

1. 具有相对明确的专业业务定位。如农业云服务工程公司、工业云服务工程公司、智慧城市某业务云服务工程公司、学校云服务工程公司等。

2. 具有既定而明确的专门客户门类。重视"类客户"，而不是争"泛客户"。这点与互联网不同，互联网的云服务客户大多是"泛客户"；而物联网往往是从一个一个同类的单位客户做起的，是"类客户"。例如，学校云服务工程公司是与一个一个学校签订总承包合同逐步发展起来的，是从"私有云"（单位云）发展到"共同云"的。

3. 具有明确的物联网工程的内容。典型性的内容包括：一是云服务＋业务局域专用网＋智能终端；二是云服务＋业务局域专用网改造＋补充智能终端；三是云服务＋局域专用网改造＋对原有智能终端整合改造利用；四是对原有数据中心的云化改造＋业务局域专用网改造＋对原有智能终端的改造。

4. 具有"工程建设"加"云技术服务"的高水平。物联网适用的商务模式，是技术、业务与质量三者保障管理相结合的个性化、智慧化开发，是量身定制"一揽子"解决问题。它既是"交钥匙"的工程建设，又是"一卡通、一键通、一令通"的智慧化技术服务。

第四节　智慧城市建设中物联网与
大数据的发展关系

随着物联网与移动互联网跨界应用的蓬勃发展，各种过去想也不敢想的"奇应用"、"妙应用"不断涌现，有关大数据的话题越来越引起大家的关注，如何发展大数据，如何开发利用大数据成为人们关心的焦点。

一、大数据要在开发利用中发展

（一）大数据的概念

发展大数据，首先要搞清什么是大数据：

第一，大数据是文字数据、声音数据、图像数据、时空位置数据、气味数据、痕迹记录数据等微观活动数据与经济社会活动数据等宏观活动数据的总和。

第二，大数据是对"信息"的细化。大数据管理众多最小数据集（由数据元集成），这些最小数据集可以是完整的、有效的，尽量使各个最小数据集之间具有更明确的边界和更少的重叠。

第三，大数据的应用是通过若干细化的最小数据集结成的数据结构模型即数据集来确定事物与区别事物的。例如同样一种化妆品，如果用 500 个最小的数据集去确认就比用 5 个最小的数据集去确认的精确度要高得多。因此，用更多（大）的数据量产生的数据结构模型去确认事物，更能做到精细化的辨识与确认事物，使各类管理更具科学性，更有实际应用的优越性。

第四，大数据技术不等于数字技术。数字技术是在信息化过程中产生的、相对于模拟技术的一个特定的概念，由此产生的"数字城市"概念，不能简单等同于开发利用了大数据的智慧城市。

（二）根据大数据发展的特点与规律发展大数据

第一，要着眼于利用数据去发展大数据。数据的发展源于利用。大数据是智慧开发利用的基础。没有数据，缺乏一定的数据量，数据的开发利用就缺乏基础。因此，称"数据为王"并不为过；但是，如果人们只是花代价去汇集数据，只有投入而没有产出，只有消耗而不能体验到数据汇集与成功开发利用的快乐，人们对数据的汇集工作也就会因失去了兴趣而难以持续，因而说"内容为王"，或者说"业务开发为王"也不错。究竟"数据为王"还是"内容应用为王"？对这个问题还是要辩证、唯物地看。先要看数据的不同发展阶段：当数据量很少难以开发利用时，应当说"数据为王"；在这个时候首要的任务要集中精力汇集数据，为开发利用创造条件。但当数据量汇集到一定阶段时，开发利用数据就成为当务之急，成为数据持续汇集发展工作的关键；不开发利用数据，数据汇集发展工作就可能中断。因此，在这个阶段说"内容为王"也恰逢其时，恰如其分。再从客观唯物主义的角度看，大数据发展的目的与本质是为了开发应用，因为人类认识自然、认识社会的目的是科学地利用自然、为了自身的发展。汇集数据是手段、是条件，开发利用数据才是目的；只有开发利用数据，才能发展数据；只有开发大数据的智慧价值，才能发展大数据，才能持续地汇集更多更大的数据。因此，"内容或业务的开发应用为王"，这才是根本。

第二，要着眼于在利用数据的动态过程中去发展大数据。大数据是动态积累发展形成的，而且是永无止境的一个过程。从大数据的概念看，只要人类社会发展不停止，大数据的发展也就不会停止。我们通常说大数据量（库）的大与小都是相对而言的：再大的数据量（库）也只是相对于过去的"大"，相对于将来，再大的数据量（库）也是"小"的。因此，要学会在动态的发展过程中去发展大数据。当前，特别是要通过物联网、互联网自动采集业务数据的特点，去建设大数据、发展大数据，而不要把思路局限在依赖政府部门提供数据的一种方式上。要警惕在迟疑、犹豫或放缓数据利用开发的步伐中失去大数据发展的机遇；还要防止在盲目悲观、妄自菲薄、自以为落后中失去机遇，不轻言失败的坚守与冷静理智的执着，往往是成功的关键。这正像在 2014 年索契冬奥会女子 500 米短道速滑中的李坚柔能赢得冠军的道理一样。

第三，要善于在市场化开发利用中积累、开发大数据的人力与资金的资本。发展大数据，没有"免费午餐"，同样需要一定的人力与资金的投入。因此，大数据发展的关键还在于如何实现大数据的可持续发展与相对人力与资金投入之间的合理匹配。在现代，人力与资金都是社会化、市场化的。谁能持续从人力、资金或网络产业市场利润中获得源源不断的投入补充，这又取决于大数据发展的收益或收益预期能否大于投入。所以，不断发展并实现大数据发展的市场收益，包括现实的收益与大家认同的预期收益，意义就重大了。

二、开发大数据智慧价值的方法与途径

在物联网与移动互联网应用时代，大数据之所以"热"，

不是"热"在大数据本身，而是"热"在大数据"智慧应用"的价值开发上。智慧应用价值开发得越好，大数据发展得就越快。

（一）要在数据的经济社会内在关系中开发数据的智慧价值

大数据智慧价值的开发有两个关键的方面：一是开发智慧价值的技术，这就是以云计算为代表的各种新技术。没有这些技术做支撑，单凭人脑，再聪明的人也无法对庞大复杂且不断变化的数据做出准确的分析、挖掘、发现与利用。因此，要用"智脑"或"云脑"替代"人脑"；二是对数据内在关系的智慧开发。这主要取决于对人类经济社会活动内容、业务及规律的认识与把握。对于后者，我想在后面再举例说明。

在"智慧高速"中，如何开发大数据的智慧应用价值？智慧高速，主要汇集的是人、车、路、场、道路气象等数据。就"人"的数据来说，首先是全面反映驾驶员的数据，包括驾驶员本人的姓名、技术水平、供职单位、驾驶的车辆、手机号码、车载电脑等数据；就驾驶员的社会关系来说，包括驾驶员的家庭住址，父母妻子儿女及岳父母的年龄、工作单位、联系电话、手机号码等数据；就驾驶员的工作单位（假定为客、货运企业单位）来说，包括管安全生产的领导姓名与手机的数据，管经营的领导姓名与手机的数据，还有董事长与总经理姓名与手机的数据，甚至是货主单位及相关人员的数据。就"人之间的数据内在关系"来说，上述驾驶员的"人"的数据中包含着血缘与血亲关系、就业与就业单位的关系、领导与被领导之间的关系。因此，在"智慧高速"的"安全服务"业务大数据开发中，我们就可以利用这些数据内在的关系作如下的应用开发：通过对人、车、路、天气等数据的（历史和现时的）的大量数据分析，得出什么人在什么地方什么时间开什么样的车，在哪种天气状况下比较容易发生事故，比如超速、疲劳驾驶等，在车辆进入高速公路时，就可以事先给出提醒，并且提出一些预防措施，还可以根据路段地点，包括服务区和其他临时设置的一些地点做出应对安排。对驾驶员的提醒可以通过多种方式进行：道路显示屏、车载终端、交通广播，甚至可以是驾驶员的手机短信。

其次，当发现某辆车违规行驶时，马上可以通过前方道路的显示屏、该车的车载电脑或驾驶员的手机短信予以提醒；如果驾驶员没有纠错，3 分钟（假设）后，可以向其家属、父母、子女、岳父母的手机告知其驾驶员的违规状况；如果再过 5 分钟后驾驶员仍没有纠正违规驾驶的情况，"智慧高速"平台则分别依次向驾驶员的企业分管安全、经营业务以致总经理通报该驾驶员的违规行驶情况。同时，对于智慧高速的安全服务的上述规定，预先要纳入驾驶员的培训计划，确保每个有驾驶证的人员都知道，以发挥事先预防的作用；另外，对多次提醒违规但仍不纠错而导致安全事故发生的驾驶员，"智慧高速"要主动与其就业单位、保险公司以致执法、司法机关配合，通过网络（也可通过其他途径）提供客观、准确的电子记录事实数据，支持有关单位、执法或司法机关按主观故意从重的原则依规、依法追究驾驶员的责任。

最后，"智慧高速"还要发挥现代网络的作用，充分发挥上述典型的警示教育作用，小中要见大，举一要反三。

上述智慧高速中的"安全服务"业务，对"人"的数据内在关系智慧价值的开发，典型地说明了对大数据的智慧价值的开发方法。这个方法的构成要素有三点：一是要从关系数据中寻找数据之间的内在关系；二是要从数据之间的内在关系中寻找能发挥作用的直接关系，其直接关系虽然简单，但管用；三是要从内在关系与直接关系中再求解智慧利用数据的途径。例如，在上述智慧高速的安全服务"人"的关系数据模型中，可以有多种方案，可以有事前提醒、事中指导、事后教育、扩大关爱面等多种方式。但我们选择从提醒驾驶员本人、到提醒其亲人、再到提醒其就业单位等经济利益相关方进行的次序设定，就比不提醒本人与其亲人的方案要智慧。虽然一开始就提醒其就业单位的领导也很"管用"，但让人总觉得其做法不够以人为本或者说与人为善，没有注意有理、有情、有节，因而不够"智慧"。当然，我们希望驾驶员有不经提醒或一次提醒就有的纠错自觉，不必麻烦到其亲人与那么多的关系人，但具备这种智慧服务能力还是必要的。

利用数据之间的经济与社会的内在利益关系来开发数据利用的智慧价值，这完全符合现代治理的原则与要求：要尽可能地调动更多的人员有序地参与并正确发挥他们对社会治理的正向作用。通俗地说，众人拾柴火焰高、上下同欲者胜。通过法制的完善，让更多的人参与共同做好事情，这是现代治理理论的精髓。

为了实现上述要求，在智慧高速的安全服务业务中，一是可以通过立法的方式，保障"智慧高速"云服务公司可以采集并利用驾驶员的经济关系与社会关系的相关数据信息，只要云服务公司将上述数据用于安全服务等公共保障的正当领域，就应当受到法律的支持；但如果用于其他违法牟利的目的，就应依法受到追究；二是通过契约的方式，来保证智慧高速云服务公司获得收集、使用上述数据的合法权利。这种方式可由云服务公司进行公告，通过签订合同或不签订合同但通过事实认可的方式进行。事实认可的方式，就是云服务公司将上述方式连续使用三次以上、相关人没有提出异议的，就视作事实认可使用，即相当于实际已许可这种信息使用方式了。当然，这种方法收集的数据涉及个人隐私，只能用于"安全服务"的业务或其他法律允许的领域。事实认可的方式，其法理源自事实婚姻的认可原则。当然，如果法律上能做出上述许可就更好。

（二）　要从数据内在的时空关系中开发数据的智慧价值

现在高速公路的超长隧道与桥梁越来越多，这在给人们带来出行方便的同时，也给出行安全与工程安全的保障工作带来了严峻的挑战。

保障高速公路（铁路）的出行与工程安全，必须借助于智慧高速，借助于大数据与云计算，着力开发利用行驶车辆与隧道或桥梁之间的时空数据的内在关系的智慧价值，其模型框架是：在距离桥梁、隧道 30 公里处，设立隧道或桥梁对行驶车辆的超重、超高、超宽的准入数据下限的智能自动检查。一旦发现超重、超高、超宽，就提前予以制止，防止因驶入隧道或桥梁而发生工程与人员伤亡事故；在距离隧道 25 公里处时，对车辆与驾驶员的各项情况进行综合检查，筛选确定需关注的车辆；在距离隧道 20 公里处时，通过深入综合检查评定，排出重点关注的车辆；在距离隧道 15 公里处时，通过提高数据量级细化指标检查的方法，确认"超异、超疲"等实时数据并予以固定存查，对限制或禁止驶过隧道或桥梁的车辆，予以逐辆的明确，并采取管用的提醒、相应的干预措施，包括对"超时间限制的过度疲劳驾驶"与超异常的车辆采用管制与相应的服务措施，以确保安全。

"超疲"驾驶，可以通过智慧高速的图像监控系统采集数据予以确认。"超异车辆行驶"的大型数据结构模型的建立，则需通过对数万次道路交通事故的数据检测、分析与数以千计的模拟实验才能获取，并通过一定的程序才能确认使用。如果在实际车辆运行管理中有千倍、数千倍数据集形成的数据结构模型，说明车辆行驶"超异"，确认"超异"并采取相应的措施，这是有利于驾驶员与车辆的人员与财产安全的，应该会得到全社会的支持的。

（三）要在系统关系数据中，通过不同角度与侧面的内在对应关系开发数据的智慧价值

在人、事、物三者关系中，存在不可分割的内在关系：有人有事，无人（的行为）无事；因人成事，也因人坏事；择人任事，称为"人事"。所谓事，人之徒手，手工劳动，成事有限，能干的坏事也有限；但人若"假物以用"，结果那就大不一样了。因此，在现代社会，往往由于人与物的结合而成事，也因为人与物的结合而坏事；因为人与物结合而干成大事业的人，称为"人物"；因为人与物结合而改变了过去的叫"物是人非"。人、事、

物的这些基本对应、关联关系，为我们开发利用人、事、物内在关系数据提供了基本的规律。

过去，人们说"人过留名、雁过留声"。在大数据云计算的物联网时代，则是：人过留迹、物过留痕、车过留影、声过留音、电子产品经过留据、事过留印等。只要人与物的合作，不论做过什么事，都会留下难以磨灭的数以百计、千计甚至万计的数据。

物联网的出现，为刑（民）事案件的侦破提供了很大的帮助，为刑事案件的侦破节省了警力，并降低了侦破工作的劳动强度。因此，关爱一线的干警，就要加快推广"智慧安居"。现在，所有的刑（民）事案件，其时空关系都是既定的。因此，依据既定的时空关系数据之间的内在关系去求解相应的人、物、事的对应关系，就可以找到并锁定嫌疑对象，大大地提高侦破效率，出现"云脑类的福尔摩斯"。由于犯罪现场是既定的，那么这个时间段与相应以前关联时间段进入这个现场的排查嫌疑对象的数据利用的智慧开发就可以从多个维度进行：一是排查案发时段所有进入这个现场的人的各种数据；二是排查进入这个现场的所有物（车辆、手机、各类电子产品）的各种数据；三是排查半径在三公里内进入这个现场的所有数据；四是排查 10 天、半个月内进入过这个现场的各种数据；五是比对所有进入过这个点的曾有劣迹、前科的人的数据，或有怀疑被不正当使用物体对象的数据；六是在确定一定的侦破方向后，多角度、多侧面地比对犯罪作案概率大的人与物的数据，可依次进行人与电子的痕迹数据、人与车辆痕迹数据、人与停留地点（据点）、经返路线的数据、人的声音、气味、体型、力量、习惯（用左、右手）等数据的比对，最终锁定犯罪嫌疑人。大数据、云计算对这样巨大而复杂的多侧面多维度数据进行比对，可以快速甚至实时完成。有的甚至在犯罪嫌疑人还未逃离本市治安范围时就已被锁定；通过预定的应急预案，在既定的防控圈层内就可以把其抓捕归案，那就是安居物联网的"天网恢恢，疏而不漏"。

综上所述，我想对大数据的定义作进一步的归纳。大数据既是从数据汇集的"量"来说的，大多数的人是从这一维度去理解的，但不全面；大数据之"大"，还应从"用"的层面来理解。从"用"的层面来理解大数据之"大"：一是确认事物时使用最小数据集的数量大。按数据单元细分，用此确认事物多于数百倍、数千倍的最小数据集形成的数据结构模型来确认事物，可以更精确。因而可借助于大数据实现精确化、精细化的管理；二是指大数据的应用领域多、作用大。从应用领域说，可以用于所有人的活动领域；从作用的效果说，不仅可以小用、中用，而且能超过过去的任何方法，派上"大用"。

上述介绍的依据数据内在之间的关系，开发利用"智慧价值"的方法，只是一些例证，目的在于帮助大家通俗地理解并利用好大数据，为开发大数据打开思路提供启发与借鉴。应该说，开发大数据"智慧价值"的方法还有很多，今后要加强对开发数据"智慧价值"的基本途径的研究。基本途径有三种：一是通过"人类过去积累的数据之间的内在关系的经验"去开发；二是通过对汇集的各种数据的计算，来发现"数据之间的内在关系"并加以开发；三是把前两种方法结合起来开发。上述这些基本途径是可行的，值得从事各种业务的系统软件开发者借鉴。尤其要注意人类对业务活动规律的"数据之间的内在关系的经验把握"，因为人类对世界的各类事物的数千年认知、经验乃至科学的发现、发明，这才是浩瀚的数据之海、智慧之海与智慧之源。尤其在物联网各项业务应用的专用软件开发时，要重视这一点。当然，实际工作者，绝不可轻视通过云计算技术开发智慧的作用。随着数据搜索技术、数据分析技术、数据挖掘技术等数据的综合快速运算水平的提高，云计算开发智慧与数据价值将越来越成为主导，呈现出惊人的能量。

第五节　加快智慧城市等物联网的标准体系建设

长期以来，各行业、各区域、各部门的指标数据自成体系，标准不一，数据与标准"孤岛"的问题突出。这对于智慧城市等物联网在更深层次的应用、更广阔范围的复制及实现更智慧的管理服务方面造成了严重阻碍。加快智慧城市标准体系建设，突破数据与标准"孤岛"的障碍，推动各行业、各领域、各区域大数据的形成，实现信息的无缝衔接与全面共享，是智慧城市等物联网建设工作的当务之急。

一、加强标准制定管理与实施工作意义重大

党的十八届三中全会提出要充分发挥市场配置资源的决定性作用和更好的政府作用；同时，明确发挥更好的政府作用要实现"三个加强"，即政府要加强发展战略、规划、政策、标准等制定和实施，加强市场活动监管，加强各类公共服务提供。"三个加强"为我们指明了方向。

标准问题，事关全局，事关民生，事关科技创新，事关转型升级，事关长治久安、社会稳定。要把标准的制定管理与实施放在与规划、规范性文件同等重要的地位来对待，摆在更加突出的位置。

（一）标准的制定管理与实施是保障群众健康安全、履行标准惠民职能的需要

一段时间以来，食品药品安全屡出问题，一个重要原因就是

标准管理缺失造成的。食品药品标准是一种准入标准、底线标准与强制性标准。标准准入把关不严、标准底线被突破、实施管理不到位，影响了消费者即人民群众的健康安全。前段时间，有的城市出现自来水异味问题，很长一段时间检测不出原因，也与原定准入标准有关。因为目前自来水的检测标准是参照工业化发达的欧洲标准制定的，而我们现阶段的水环境尚未达到欧洲的水平。这类标准的不完善、不严格、不恰当，造成健康安全难以充分保障。必须通过加强标准的准入、标准的检查、违反标准的追究，实现对人民群众健康安全的动态保障。这方面上海市的做法值得我们学习。上海市通过对检测机构的服务购买，对进入菜市场的农副产品按供货单位连续的分批次分别进行抽检，并建立台账与黑名单制度，一旦发现农副产品农药残留超标，马上就把这家供货单位列入"黑名单"，通告全市菜市场，禁止这个单位（农场）的产品再进入上海的任一一个菜市场。因此，我们要把标准作为保障人民群众健康安全的惠民工程来抓。

（二）标准制定管理与实施是实现绿色低碳发展、促进转型升级的抓手

通过标准的规范和统一，有利于减少开采过程、生产过程、消费过程中的能源资源消耗，提高资源综合利用水平，从源头上

实现绿色低碳发展。一是能节省产品制造过程中的资源；二是能节省产品包装过程中的资源；三是能减少产品消费过程中的资源；四是能够重复循环使用资源，最终实现"零污染"，以最经济的资源能源消耗，换取更大的效益。例如，由于各品牌手机接口和充电器的标准不统一，手机电池的标准也不统一，每个家庭都有许多个不同型号的、废弃的或仍在使用的充电器和电池，造成了资源的极大浪费。如果标准是统一的，电池、充电器就可以通用。因此，标准的完备、统一是实现绿色低碳发展的基础工程，是建设资源节约型、环境友好型社会的重大管理工程。

（三）标准的制定管理与实施是治理能力现代化的依据，是法治政府建设的组成部分

治理能力现代化包含三个基本层面：一是治理组织体系的现代化。在我国，就是坚持中国共产党的执政领导、人民群众主体的有序参与、社会各类组织作用的发挥、行政与司法部门的依法管理相统一。二是治理制度的现代化。就是要实现治理制度的科学化、治理制度的法制化、治理结果的公平与有序化。三是治理手段与方式的现代化。广泛应用云计算、大数据、移动互联网等现代网络技术，来实现"治理"的高效化、透明化。

从依法管理方面讲，判断一个具体行为是否构成违法，主要

有三种模式：一是"法律＋规划＋规划批准文件"的模式。例如判断一个建筑是否违章，使用的就是这种模式；二是"法律＋规范性文件"的模式。法律一般比较原则，规范性文件相对具体，两者结合可具体判断一个具体行为是否构成违法。例如公民出入境，按照规范性文件规定的程序办理了许可证才是合法的，否则就构成了违法；三是"法律＋标准"的模式，例如食品安全，只有法律、没有标准，就不能具体判定哪一种食品生产经营企业的行为构成违法。只有"法律＋标准"，才能具体判定某一制售食品的具体行为是否构成违法、违法情节的轻重及相应的处罚程度。不仅行政执法机关是把事实、标准、法律三者统一起来确认是否构成违法，司法机关也是按这样的模式来进行判定的。当前，我国的规划、规范性文件与法律相匹配的模式运用得相对好一些，不足的是"标准＋法律"的模式应用得还不够普遍与自觉，体制建设也相对滞后。这是导致对同样行为不公平处理的原因，这在不知不觉中就导致了政府公信力的下降。因此，标准是治理能力现代化的依据与基础工作之一，加强标准工作已成为建设法治政府的重要任务之一。

（四）标准的制定管理与实施是实现重点跨越的支撑，是实施核心战略的关键

创新驱动发展战略是我国经济社会发展的核心战略，重点跨

越、支撑引领发展是科技创新、体制变革的要求。现代科技创新的复杂性、系统性等日益加大，强化创新必然要求强化创新的技术集成与力量组织的协同。标准是实现创新的技术集成与力量协同的有效途径。有了统一标准的基础，有利于通过网络平台实现跨地区、跨部门、跨学科的协同创新的合作；有利于对成台套装备进行模块化的协同设计与开发；更有利于互联网、物联网操作系统软件在统一标准的基础上进行模块化的合作开发，实现重点跨越。过去普遍认为，中国人软件开发不如印度人的主要原因是语言，其实还有一个更重要的原因就是标准不统一，因为他们的操作系统软件是在统一标准前提下进行模块化开发的。只有基础标准统一了，通用标准一致了，行业标准之间连通了，才能实现模块化开发的跨越发展。

（五）标准的制定管理与实施是社会共同参与治理的基础，是形成现代治理体系的保障

政府、企业、社会组织、公民个人等社会各方面要共同参与治理，必须要有一个共同认可的价值尺度。用一个统一的尺度判断一件事的好与坏、对与错，这个尺度之一就是标准。这是客观的，不以某些人的利益、喜好为转移的共同尺度。有了统一的尺度，才能有统一行动的思想基础。有了这样的共同尺度，就可以避免"公

说公有理、婆说婆有理，大家搞不清谁有理"的状况发生。例如要对某一产品或服务进行投诉，投诉者、受理者就要有个统一的标准。只有对不符合法律法规与标准的产品或服务的投诉才能受理，并依法进行处理。只有标准一致了，才能形成大家共同遵守的市场与社会秩序，形成各方主体认同并参与的社会治理体系。

二、标准制定管理与实施两方面工作都应切实加强

长期以来，各级质监部门把标准化管理的重点主要放在标准的立项、组织制度的修订及评审等前期工作上，在标准实施情况的监督、评估等方面下的功夫不够。根据党的十八届三中全会精神，当前重点是要把标准的制定管理与实施管理两个方面都切实加强起来，形成互相促进的格局。把加强标准的制定与实施两个方面的管理任务都担当起来，才能算是履行了全面的责任。通过对标准制定的管理来确保标准的统一、行业标准之间的相互适用和顺利实施；通过对标准实施的监督检查、依法专项整治与违标违规行为的查处，来保证标准的规范、权威与设立标准的目的要求的实现。这在推进物联网产业发展上显得尤为重要，任务更加紧迫。

（一）要加强标准的统一协调、审定批准工作

标准的制定，按照国际惯例可以由企业或其他社会组织去承

担，就像产业发展规划由规划研究院去编制一样。但是批准颁布实施要经过一定的程序，要听取广大群众意见，经过专家评审、实验分析试验等环节，最后由政府审批确定。这就是说政府的职能是加强标准创制的管理，而不一定自己去创制标准。管理标准，责任重大，不可失责。政府审定批准以后，这个标准就具有了法律效力，就具有了法律支持的强制执行力，成为具体行为是否构成违法的判断依据。政府对标准的管理工作要切实加强。一是要把标准不统一的地方协调统一起来。政府要加强统一领导，研究制定标准化重大政策，协调解决标准体系建设中的重大问题。质监部门要承担起保证标准统一的责任，履行好职责。不仅基础标准要统一，通用标准也要统一。对各行业的地方标准、下辖区域内的地方标准的制定程序与方法也要进行统一与规范，以确保标准体系的统一、行业标准的互适。二是要把标准不规范的地方规范起来。标准的格式、术语、符号等，都要进行统一规范，就像语言文字一样。三是要把各行业标准体系之间不连通的地方连通起来。各个行业标准体系之间要像高速公路连通起来形成路网体系一样，不能各自一条路，而不管相互是否连通。要制定规范性文件，明确标准制定的审查批准程序，包括群众听证程序、专家审查程序、政府的审定批准与公开发布程序等，以保证标准的统一、规范与连通。

（二）要加强标准实施的专项治理工作

对已经审定批准的标准，要抓好贯彻实施，加强检查治理，保障强制性标准的全面、不折不扣地实施。专项治理的工作内容要明确，要把推动标准的统一实施、及时发现纠正标准实施错误、依法查处违反标准行为、强化标准知识的科普宣传、推介标准使用的先进经验等方面综合统筹起来，确保标准的准确实施到位。

（三）要加强准入标准的执法工作

准入标准是保障群众健康安全的底线。管不住准入标准，就会损害人民群众的合法权益，引发市场与社会秩序混乱。要重视准入标准，坚持底线思维，用负面清单的管理模式，把好准入标准关。对高于准入标准的，有利于创新的，应当鼓励；对低于准入标准的，必须依法加强监管、从严执法。要加强行业执法，违反行业准入标准的，通过该行业管理部门依法监管纠错机制来解决问题；要加强联合执法，对违反通用标准、基础标准的，要由质监部门牵头、有关部门参与，实施综合执法。还要加强标准的行政执法与刑事执法的衔接与合作，在行政执法中发现违法情节严重的，要主动移送司法机关依法追究刑事责任；司法机关也可以提前介入。通过强化执法，保证准入标准的权威性、规范性和实施的水平。

（四）要加强标准管理的激励工作

建立标准化工作评价制度。通过标准评价，及时修订相关标准，保持标准的先进性和有效性，同时为后续互联网、物联网地方标准的立项、制定、实施和监督提供支撑。要加强对行业标准制定与实施情况进行评价，对执行统一的基础标准、通用标准、行业标准之间互适水平进行评价，及时总结推广先进经验。区域的地方标准要建立层级负责的标准制定与实施的责任制，重视对标准工作的管理。对标准制定与实施做得好的地区，要及时总结推广其经验。要着力改变标准制定与实施工作"干与不干一个样、干多干少一个样、干好干坏一个样"的状况。要鼓励企业主持或参与地方标准、行业标准、国家标准的制定与监督实施工作。对于主持或参与制定行业标准、国家标准的企业，要进行宣传，使其得名得利。对制定标准的团队带头人，要列入"千人计划"予以支持；成绩显著的可列入科技奖励表彰。要参照工业设计师的评定办法，建立标准系列职称的授予制度，评定技术标准工程师。

（五）要发挥地方在标准工作中的能动作用

在国家标准、行业标准和地方标准三种标准中，有些国家标准为照顾更大范围内的不同生产力水平地区之间的平衡，可能会低于地方标准。行业标准也是按照全国平均水平来制定的，特别是节能、安全、环保等标准，为了照顾发展中地区与相对欠发达地区的发展水平，行业标准的设置会因注意平衡度与公约数，一般会取一个中间值。因此，有可能会低于发达地区的地方标准。作为沿海发达地区，应该用更高的地方标准去参与世界竞争。因此，地方标准特别是节能降耗、环境保护等领域的地方标准，浙江省等东部地区要自觉按高于国家标准、行业标准来把关。地方在参与国际竞争中、在促进转型升级中，制定标准、管理标准、实施标准应该具有巨大的作为空间。要通过标准的制定与实施来促进转型升级，节能减排，创造品牌，让老百姓享受更高品质的生活，彰显地方标准的魅力。例如大气污染防治标准、能耗标准、高耗能行业电价的加价标准、新上项目能耗准入标准等。不同的地方可以有不同的标准，浙江省市、县地方标准规范可以高于省级的地方标准，省级的地方标准也可以高于行业标准。

三、加强互联网与物联网的标准工作

当前，浙江省智慧城市建设示范试点项目正处在基于专有云的操作系统软件投入测试阶段。要加快网络的统一的标准体系的建设，统一规范数据格式，让数据信息流动连通，打通连接点和断头路，实现智慧处理、智慧服务。浙江省质监局、省经信委要加快研究制定，并提交省信息化工作领导小组审议出台互联网与物联网、智慧城市标准体系建设五年行动计划，并根据职能，加强网络信息标准的审定颁布与实施管理工作。

（一）加强基础与通用标准的规范工作，解决不统一的问题

现代工业的模块化生产方式是通过标准来保障的，没有基础标准、通用标准的统一，就不可能实现模块化生产，就不可能实现互联网与物联网操作软件模块化开发，就不可能在竞争中赢得先机。因此，对基础标准、通用标准要进行重新梳理，组织力量进行研究，通过专家的评审、群众的听证、政府有关部门的联合审定，形成规范，以解决不统一的问题。或者在科学论证的基础上，按照"得标准者得天下"，"先者早得"、"强者先得"、"胜者全得"的原则，通过"胜者协议"加强标准实施工作，以解决"不成体系"的问题。对通用标准、基础标准的不统一问题，政府有责任通过一定的程序组织进行修正。

（二）加强行业标准之间的互适连通工作

一方面，要把提高行业标准之间的衔接水平作为主攻方向，

把追求行业标准互通的优势作为标准建设的重要目标。要研究行业标准中的薄弱环节，通过浙江的地方标准建设加以弥补。国外标准不能照搬照抄，要根据国内外的文化和习惯差异，进行中国化改造，这对将来的安全发展有利。如铁路方面，越南、俄罗斯与我国的标准就不一样，标准成了一种安全保障的措施。原来汽车的标准是参照美国的 400 公里间距的加油站标准确定的，但实际上我国现在的加油站一般都按照 50 公里的标准建设的，电动汽车的标准就不必非要按照原汽油车加油站的间距标准来确定。如果把电动汽车的续航标准定在 60 公里左右，汽车电池的自重就能够减下来。评价标准体系的不合理，就会影响电动汽车产业的发展。另一方面，要认识标准制定和标准制定管理之间的区别，切实加强政府的标准管理工作。标准的制定与修订要通过一定的程序，经过许可或备案后方可实施，以避免各部门各行其是、互相扯皮。同时，应当赋予地方政府对不同行业标准矛盾处、不连通环节的协调权、弥补完善权，形成纵横协同、上下合作的推动机制。只有明确地方政府对行业标准之间存在的矛盾具有调整连通的权限，才能切实纠正部门利益标准化的问题，才能解决部门利益固化的弊端，打破行业标准矛盾难协调难突破的格局。如在"智慧交通"、"智慧高速"建设中，公安部、交通运输部门有关车辆的标准就存在不一致的地方，地方政府可以通过协调、做出部分修改的决定，以保障行业标准之间的统一连通。

（三）加强智慧城市等物联网标准的检查治理工作

在智慧城市试点中，必须树立良好的标准示范。要加强执法检查，依法对标准实施进行规范和执法检查，纠正违反标准的行为，处罚违法的行为，追究违反标准的责任。尤其是人民群众关注的食品药品安全问题，要建立"法律＋标准"执法架构，判断违法行为。不执法，就难以建立标准的权威，标准建设就不能引起足够的重视。违法的人成本很低、得到的好处很多；守法的人成本很高、得到的好处很少，就会形成"破窗"效应。这就需要通过严格的标准执法来避免这种情况的发生。要针对存在的问题，开展标准的专项治理，切实纠正各搞一套的行为。对不符合标准的，要发出责令纠正通知书，督促其整改，并挂牌督办；对扰乱标准秩序的，要依法予以纠正。对实施标准好的单位可以向全社会公布，使其讲信用、重标准、保质量、建品牌的行为得到鼓励。

（四）要运用大数据与云计算来加强标准工作

可以运用大数据、云计算等网络技术，推进标准的大数据云服务平台建设，推动标准从手工管理向"云脑"管理转变。对新制定的标准，可以通过云平台进行初始审查，以准确发现标准之

间的不统一、不连通问题，并按规定的程序进行修改。通过初始
审查并作修正以后，才能进入专家审查、群众听证等程序，以提
高审查的效率和质量。

（五）加强智慧城市标准化工作机制建设

省质监局、省经信委要制定智慧城市等物联网的标准建设规
定，明确网络信息标准的制定与修改的权限、程序与颁布实施的
规则。及时依规加强行业标准的连通协调，解决交互标准工作中
遇到的问题。合理使用财政经费，在不新增经费的前提下，明确
通过专项资金、工程建设资金用于标准建设的切块比例，完善财
务开支制度，切实解决标准建设经费不足问题。重视并加强标准
的前期工作，包括课题研究、规划编制等前期工作，提高标准工
作质量。加强标准的第三方评价工作，培育标准服务市场，鼓励
发展标准的推广中介机构，实施标准推广的优惠政策，培育标准
的工程化服务公司，建立企业化、市场化的标准推广机制。

（六）加强标准的文化建设

"文化"可以用四句话表达：植根于内心的修养，无须提醒
的自觉，不逾规矩的习惯，为他人着想的善良。标准具有上述文
化建设的价值。标准是工业文明的产物。坚持标准，可以养成习

惯；坚持共同的标准，可以造就共同的评价尺度，形成共同的价值认同，发展新的文明。工业发展阶段可以跨越，标准的文化建设必须补课。因此，要把标准作为文明建设的基础性工作来抓，讲好故事，提供正能量，推动形成节约能源资源的理念、文明的生产方式、文明的生活方式、文明的消费方式，进而促进标准的制定与实施的良性互动。

第六节 "智慧医疗"建设要造福百姓、促进发展

一、要准确理解"智慧医疗"建设的基本要求

"智慧健康"是"智慧医疗"的延伸，目的是一致的。"智慧医疗"的主要任务是"治已病"，"智慧健康"是"治已病＋防患病"。同时，"智慧医疗"与"智慧健康"又是一种动态的持续不断的服务过程，绝不是"一锤子的买卖"。现在一些所谓做"智慧医疗"的企业有两点不足：一是只做数字医院，而忽略了其他构成部分；二是把自己当作建筑公司，把"智慧医疗"等同于工程项目施工，缺乏持续地提供"一揽子"解决问题服务的

安排。之所以产生上述偏差，原因之一是对"智慧医疗"的内涵缺乏正确的理解，对"智慧医疗"建设的基本要求缺乏全面的把握。"智慧医疗"建设的基本要求包括以下五个方面：

（一）"智慧医疗"要以方便病人看病为核心

在高端医疗资源稀缺的情况下，如何应用现代网络技术、云计算技术提高效率、方便病人看病？要做到不仅仅是网络挂号，更重要的是取消挂号，直接进行网络约诊，使候诊的时间大大缩短。现在大医院里挂号要排队，等医生诊疗要排队，医生开了医疗检查单后去检查仍要排队，开了处方后配药、付费还是要排队。看一次病，排队、候诊的时间要花一两个小时甚至半天。这种状况必须也能够改变，可通过网络预约诊疗、手机预约检查、网络付费等方式大量减少候诊时间，实现便民服务。这也可以通过逐步改善的方法一步一步来实现，如果大医院一个病人平均一次就诊等候时间要两个小时，第一步争取减少半个小时，第二步再争取减少半个小时，最后争取每位患者候诊时间（不包括手术时间）平均控制在半个小时左右。

（二）"智慧医疗"要为病人提供更便利的护理服务

除了需要在医院监护的病人外，其他病人可以自由选择护理方式，例如住在家里或在社区卫生室护理。这样，一方面可减少大医院的压力，方便为更多的病人看病；另一方面也可减轻病人与其家属照顾的负担。同时，通过"智慧医疗"的网络服务，可建立大医院的主治医生与负责社区护理医生挂钩的团队型医护服务制度，为患者提供从开始诊疗到痊愈的全程服务保障，提高医护的满意率。

（三）"智慧医疗"要减少对病人的过度检查

目前一些医院的过度检查比较严重，许多医院不认可前一家医院检查的报告。例如出差外地刚在一家医院做过检查，回到家乡的医院血常规、尿常规、核磁共振等又得重新检查一遍，这样对老百姓来说既增加了费用支出，又增加了检查时间。中医的望、闻、问、切，其中的"问诊"，同样也适合于西医。疾病的发生不是偶然的，是一个逐步累积演变的发展过程。因此，医生看病应该问病史，甚至问家族病史，应该看历年的检查报告。只有这样，才能提高诊断的精准水平。"智慧医疗"设有云服务平台，所有病人每次检查的影像数据、生化检查数据都传到这个平台存储使用，各个医疗机构医生均可依照法定和制度规定的权限调用，再加上相应的制度完善，完全可以避免重复检查、过度检查，同时提高对过去检查报告的利用水平，提高诊疗质量。

（四）"智慧医疗"要为病人的准确治疗提供保障

这些保障包括卫生部门的住院床位安排、手术预约等医疗资源的配置；远程医疗服务；对滥用抗生素的监管预防；对开错药、用错药、开错刀等，进行实时查对、提醒、预防工作。

（五）"智慧医疗"要方便病人的付费

"智慧医疗"要将个人电子病历医疗卡、个人支付卡与医保卡"三卡"合一，实行网络付费、网络依规结算，方便病人，方便医疗机构，同时也方便医保管理机构的管理。

社保和卫生部门要共同推动"智慧医疗"的建设。可以制定"智慧医疗"对各医疗机构的覆盖推进计划，设定覆盖的期限，给予相应的过渡时间。对超过期限的，不再作为医保定点医院，原来已经定点的也可以取消。这样，就可以把一个城市所有医保人员的个人电子病历与远程的诊疗系统、医院管理系统，以及社区卫生系统对接起来，与医保管理系统连通起来，有利于医疗资源的优化配置，有利于城乡医疗水平的均衡性、便利性，也有利于医保的全程服务与管理。"智慧医疗"还要注意云服务外包的规模效益。一个地级市一般有上百万人口，如果没有这个规模，规模效益达不到，对"智慧医疗"的云服务公司、医保对象、医保部门与卫生部门都会增加相应的成本。

二、要抓好"智慧医疗"操作系统软件的开发

基于"智慧医疗"专有云的操作系统软件是"智慧医疗"顺利实施的关键，要尽快尽早开发。

（一）"智慧医疗"操作系统软件，是"云、管、端"一体化服务的操作系统

"智慧医疗"操作系统软件是物联网业务的操作软件，与一般互联网上的操作系统是不同的，要注意加以区别。"智慧医疗"有两个基本特点：第一，它是覆盖"智慧医疗"云、管、端一体化的全面服务的操作系统软件；第二，它是覆盖"智慧医疗"业务过程的全程服务的操作软件。欧盟在 15 个城市开展智慧城市的试点，试点的任务之一就是要求开发智能城市的操作系统（软件）。要开发全面智慧城市综合的操作系统软件，不仅是技术架构复杂把握较难，同时还在于突破分割的所有部门管理的体制难度更大。因此，希望能首先把专业的操作系统软件，如"智慧医

疗"操作系统软件研发出来。当然在研发"智慧医疗"操作系统软件的过程中，要重视技术的基础标准的统一与软件架构的统一，以利于将来综合操作系统软件的整合。

（二）智慧城市操作系统软件的开发，要学习并采用可行的方法

"智慧医疗"操作系统软件的开发是一个复杂的系统工程，不仅涉及技术问题，还涉及业务流程的管理制度创新工作。没有好的方法，肯定难以奏效。

巴塞罗那的工作方法值得我们借鉴。它是欧盟批准资助开展智能城市试点的一个城市，其工作有自己的特点：第一，明确把开发"操作系统"作为试点的重点任务。第二，成立了政界、学界、业界的"三结合"协同推进组织机构。这个组织每周定期开会，至今已达一年，并下设了全日制工作的工作组。第三，这个组织机构的第一个任务，就是讨论制订智能城市建设三年行动计划，并进行了年度推进计划的设计，按进度时间表协调各方面的工作。第四，解决矛盾、系统整合的方法是签订"城市协议"（City Protocol）。据说是从国际互联网协会运作中借鉴的，即把涉及各部门意见不一的解决方案，提供给由这些部门组成的联席会议讨论，取得一致意见的部分，马上用签订"城市协议"的方法予以锁定，由易及难，逐步消化，逐步扩展，直至全部解决问

题。相比而言，我们的工作方法不如他们的智慧，对取得了一致意见的，没有及时固定下来，而总是反复讨论。因此，要借鉴这个方法，相关部门、单位对某一问题经过讨论统一意见后就签订"智慧城市约定协议"，并具有法律效力，各自都要遵守并准予施行。这样，签订一部分就消化一部分矛盾、固定一部分成果，就可以有效破解"信息孤岛"的障碍。

(三)"智慧医疗"操作系统软件的开发，要满足业务需求

第一，这是建立在"个人电子病历"基础之上的操作系统软件。《大数据》一书提出了一个"数据单元"的概念。"智慧医疗"的云存储就是以个人电子病历作为"数据单元"的。因为，"智慧医疗"服务要以个人电子病历为依据提供各种服务。医保、新农合（新型农村合作医疗保障基金）都以个人电子病历为依据审核报销，医疗事故责任要以个人电子病历的全部数据为依据进行追溯，参保者可以通过个人电子病历实现"知情权"。这就提供了"智慧医疗"数据云存储的结构设计基础。

第二，要开发以为医患者（医保对象）服务为中心的操作系统软件。要构建为患者提供的网络约诊服务，提供大、小医疗机构的主治医生、主责护士团队型的护理与跟踪治疗的服务；要为患者个人查询、呼叫医助提供便利服务；要为患者提供检查结果

的知情权、用药知情权、手术知情权以及相应的投诉服务。

第三，这是跨医疗机构合作的操作系统软件。要为大、中、小医疗机构提供协同医疗、事故责任查询、追溯服务。对不同医疗机构重复检查、过度用药的行为可进行实时检查。还可以进行远程诊疗的合作。目前药品的浪费很严重，据不完全统计，已占到总药费开支的20%以上。要通过"智慧医疗"的管理，消除浪费。

第四，这是方便医德、医风、医规、医廉检查的操作系统软件。这个操作系统软件，可以为医保部门、卫生部门的专业监管、层级监督提供服务，为查究医疗事故、医疗商业贿赂、违纪违规从业与违犯医风医德的行为提供服务。

第五，"智慧医疗"的操作系统软件开发，要为实现"云服务的集成、专用网的智能、装备端的方便"要求提供保障。操作系统软件集成在"云"上，方便应用应体现在各类客户终端上。客户端包括个人医保（患）端、各医疗机构端、各医保基金管理端、卫生、纪检、监察部门监管端等。消费者是上帝。各试点企业要充分重视这一点，要想占有更大的市场，就要为客户着想，客户就是"端"，"端"越多，客户就越多，市场越大。

"智慧医疗"操作系统软件开发的业务构架如图3-4所示。

确定"智慧医疗"的业务架构是操作系统软件开发的前提条件。缺乏业务架构的设计，操作系统的技术架构就无法设计，操作系统的软件就无法开发。应该特别重视对各类客户端的需求研究，并满足要求。如医保参与者、各类患者，这是最大群体的客户终端，是"智慧医疗"服务的享受者与评审者，要仔细地服务好；还有医护人员的终端，这是医疗服务提供的主体，医疗服务的质量、水平与满意率，都取决于他们，要爱护关怀他们，为他们的工作提供好服务；还有医保的结算服务终端，要保证其提供准确、实时、高效的服务。

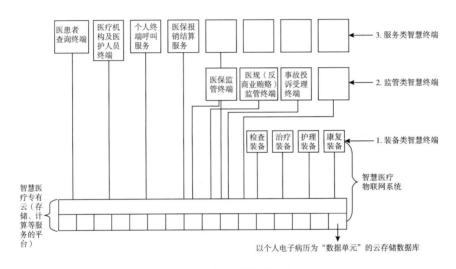

图 3 – 4　　"智慧医疗"的业务架构

如图 3 – 4 所示，我们可以发现：第一，垂直一体化的操作系统，关键是要"一体化"。一体化，就是操作系统要把"云"、"管"、"端"放到一个操作系统里面。第二，云存储、云服务的基础与架构都以个人电子病历或个人电子档案作为数据单元，并以此为基础建立云存储数据库。第三，所谓云服务的三种形式是

"三合一"的，都统一于"智慧医疗"服务。"基础设施即服务"、"平台即服务"、"软件即服务"，都统一在智慧医疗的一个系统里，不要让这三者矛盾起来、互相干扰，应该实现"系统性的服务"。

三、"智慧医疗"建设要带动"智慧医疗"装备制造业的发展

（一）要通过"智慧医疗"的总承包，来促进"智慧医疗"装备制造企业共同发展

要真正做到一个城市的"智慧医疗"交钥匙工程的总承包，就要扶持能提供"智慧医疗"云服务工程总承包的企业。有了这样总承包的企业，就能带着"智慧医疗"的装备企业去开拓市场，就能吸引医疗装备制造业企业集聚到"智慧医疗"云服务工程公司周围来发展，这就是台湾地区的"关系企业"的协调发展模式。实施这个思路，就能促进医疗装备制造产业基地与"智慧医疗"云服务工程产业基地的联动发展。

（二）要通过协同创新，来带动"智慧医疗"装备制造业的发展

新一代"智慧医疗"装备的开发，要以减少医生和护士的工作量为目标。建设"智慧医疗"，除了为病人提供便利之外，还

不能给医生和护士增加工作量。现在所谓的"智慧医疗",由于缺乏数据即检即传的检查装备、数据即疗即传的手术装备、数据即检即传的护理装备,大大增加了医生与护士的工作量。医生和护士要重复做两方面的工作,一个是纸质的病历诊疗记录,另一个是个人电子病历的录入。

"智慧医疗"要加强以下三部分建设:一是云服务平台,二是医疗装备的专用物联网,三是智能医疗终端装备。检查装备、治疗装备和护理装备都要作为"智慧医疗"的智慧终端来开发,并且与"智慧医疗"实行统一的标准、统一的接入、统一的管理软件。要按照"智慧医疗"的云计算、医联网、智慧终端统一发展的要求,开展协同创新,打造统一的产业链的竞争优势。

(三) 要通过开放合作、协同制造,来加速"智慧医疗"装备制造业的发展

要积极引进国内外医疗装备的大企业、大集团到浙江来投资创业;要按照"智慧医疗"统一运营服务的技术标准要求,适应区域或城市"智慧医疗"物联网统一开发的要求,开展统一标准的协同创新、协同制造、合作发展。一般零部件可以在外地通过网络进行协同制造,核心关键部件与集成生产可以在"智慧医疗"的产业基地内进行。

本书是根据本人 2013 年在各类讲座的演讲稿编辑的，形成了每节相对独立的特点。但是，在这本书行将结尾之时，根据原中国工程院常务副院长邬贺铨院士的建议，我对本书进行一下综述性的小结，以便读者对这种似乎松散性的叙述有个整体框架性的把握，对本书各章节内容之间的内在逻辑有个清晰的了解。

这本书概括起来就是试图回答两句话：物联网给我们带来了哪些机遇？我们怎么利用好这些机遇？

第一章重点介绍物联网的机遇。具体对物联网内涵的理解、对物联网机遇的构成进行分解，并分别予以阐述，详细介绍了物联网的五大机遇。第二、三章重点分析物联网的机遇与利用。其中，第二章侧重阐述的是要利用物联网机遇，抓紧发展物联网产业。这一章结合实际，侧重介绍在制造业转型升级中加快物联网产业发展的思路、重点、结合点、引领与保障；这也反映了我的一个基本认识，世界上的事物是相互联系、相互依赖、相互影响的，不能就物联网的视野抓物联网产业的发展。第三章侧重阐述的是物联网的应用。主要介绍了物联网在服务业提升、城市公共服务业中的应用，以及应用市场开拓的方法、体制变革及标准建设等相关的基础性、体制性的发展环境建设问题。

　　为了让读者更好地理解我的观点，提高对物联网技术的认识与理解，我特别想向热心的读者介绍国防大学战略研究所所长金一南教授提出的观点：技术理解力——现代建军的"瓶颈"①。他说，什么是技术理解力？简单地说，就是能够懂得、明白和感悟技术中所显现和蕴含的全部意义。对技术的不同理解和感悟所产生的不同效用，不但导致完全不同的应用和发展方向，其结局也大相径庭。他举例说，例如火药是我们中国人的发明，但我们发明火药并不是为了拿它去打仗。我们没有想到火药经阿拉伯传入欧洲后，被装入枪筒推动弹丸射杀对方，由此产生的热兵器导致了世界第一轮军事变革；再如中国发明的罗盘是为了看风水，欧洲人利用我们发明的罗盘提升了航海技术，成为他们开拓市场、掠取财富、侵略别国的工具。他认为，中国因物质落后导致国力落后最终被迫挨打，这也许是一种过于简单的说法。这种说法并不能令人信服，并解释：为什么前来征服我们的帝国主义的坚船利炮，其威力巨大的火炮本身依赖中国人发

---

　　①　资料来源：金一南著，《心胜》，长江文艺出版社，2013 年 7 月版，第 43 页至 45 页。

明的火药，其远涉重洋的战争指向本身也依赖于中国人发明的罗盘。当然其中还包含其他很多因素，但对同一技术完全不同的理解和运用所产生的巨大差异也是显而易见的。再进一步讲，从历史长河看，人类社会发展的技术形态一定决定着战争与军事的基本形态、决定着军事组织方式和作战指挥方式、决定着军队的战斗力生成模式。是军事技术而不是军事思想，推动着旧的军事力量体系逐步瓦解和新的军事力量体系逐步形成。正是在这个意义上，今天制约我们军事思维创新的不是理论理解能力，而是技术理解能力。

金一南教授所提出的观点难道仅仅适用于军事领域？我想同样也适用于更广泛的甚至全部经济社会领域。

如果真正把技术理解成生产力，重大技术突破引发的生产力的变革，必然引发生产方式的变革、生产关系的重塑乃至上层建筑的变化。这是完全符合马克思主义理论的。因此，本书所分析的不只是物联网技术，而是对物联网技术的理解，并根据这种理解来明确应用的内容、重点方向、方法与体制变革。

关于对物联网内涵的理解，我想说的是"信息化"现在已进入网络时代：互联网与物联网的时代。大数据、云计算、移动互联网，都是互联网与物联网产业链的具体组成部分与某一业务链条的表现形式。因此，要从产业链的整体去把握理解这个内涵，否则就会影响对网络技术的理解，阻碍对物联网机遇的整体把握能力。把大数据、云计算、移动与固定智能终端分切开来，作为技术研究是必要的，这有利于"术业有专攻"，突破"瓶颈"；对企业来说，也是必要的、有价值的，这有利于主攻"短板"与特色，形成专业优势。但对政府或技术协会、行业或产业协会来说，这可能就不合适了，因为可能会制约自己的视野，妨碍掌控全局、准确把握机遇、制定管用有效的规划、实现重点跨越。当然，作为有志于颠覆性技术创新的科技人员、网络企业，具有互联网或物联网产业链的整体思维与全局思维，那更是高明的。

总之，对物联网技术的理解要有大视野。对物联网广泛应用构成的理解，其实就是对当今经济转型升级意义作用的理解，是对城镇公共服务提升路径的理解，是对信息化、工业化、城镇化、农业现代化互促关系的理解，是对实实在在的现代化的理解。

没有信息化，就没有现代化。信息化既是技术革命的表现与载体，也是产业革命、转型升级的支撑与抓手，还是带动管理创新、体制变革的内在动力与突破口。它是当代最先进的生产力，它必然推动着生产方式的变革、生活方式的变化、居住方式的变迁，进而推动企业管理体制、社会表达与参与机制、政府公共服务方式、政府管理体制的重大变革。先进技术的生产力，既是实现"中国梦"的保障，同样是破解体制改革障碍最重要、最宝贵的力量。因此，如果把网络技术仅仅看作是一项技术，或者仅仅看作是有利于产业发展的一项技术，那就不只是技术的悲哀，而且还是当年中国发明火药、罗盘的悲哀，是中华民族的悲哀。

关于物联网机遇的构成，本书主要阐述了五大机遇：颠覆性技术创新的机遇；新产品开发的机遇；制造方式替代革命的机遇；网络产业包括专用电子与软件，在线实时可视化识别、定位、计量、检测等装备发展的机遇，新的市场创造与升级的机遇，当然也应包括城市公共服务提升、社会治理与生态建设现代化的机遇。对于颠覆性的技术创新，具体介绍了内涵、特点、价值意义与方法；对于利用好颠覆性技术创新机遇的思路，强调了要在应用中促创新，从技术高、中、低的层面应用中谋颠覆，从抢占云产业制高点上求跨越。

关于利用好机遇、加快发展物联网产业，这是第二章重点阐述的内容。根据物联网是云、网（管）、端的一个整体体系的定义，首先，具体阐述了发展物联网产业要从物联网的市场培育、制造方式的替代、工业工程商业模式创新、物联网产业基地或园区的小环境建设入手来进行，试图引导读者从对物联网技术的"重点应用、发展方向、相关产业命脉的联系"等方面来形成并明确发展思路，形成合力，防止就物联网产业分析物联网产业的局限。其依据同样是因为金一南教授提出的"技术理解力"。在这里，全面开展"机器换人"与推广绿色、安全、节约的制造方式是引领，产业技术创新是支撑，工业工程商业模式创新是保障，产业基地与园区是好环境建设的实现途径。另外，鉴于物联网产业的内在关系，强调了要抓好云、网（管）、端中的"端"的发展，这就是要大力发展各种各样的网络化的智能终端；要着力开展制约产业链、业务链"短板"环节的技术创新；根据物联网产业与服务形式多样的特点，强调要主攻专用的电子（包括芯片、各类传感器、控制器、机器人）与软件、实时在线可视化的识别、定位、计量、检测装备；要大力发展实现产品与电子融合为一体的工业设计、成套装备硬件与控制软件为一体的创新设计；要抢占云、网（管）、端中的"云"的制高点，大力发展关系到物联网产业命脉的云工业工程产业，开展工业绿色、安全、节约型制造商业模式的创新等。简单概括第二章的主要内容，着重讲了"五换"：产品换代、机器换人（替代污染与危险环境的工种、重体力岗位的工人）、制造换法、商业换型（以新的商业模式替换传统商业模式）、管理换脑（用云脑替代人脑来管理）。

第三章重点阐述的是物联网的业务应用，也就是物联网的服务。这一章的内容主要有四个方面：第一，分析了物联网发展的总体思路。把握物联网的机遇，要坚持内容为王、业务应用为王，坚定不移地走应用促创新、应用促合作、应用促发展之路，在具体、广泛的应用中实现弯道超车、后发赶超的战略。其思想的核心点是：发展物联网产业与服务，既要靠科技界、商界的精英与政界的有识之士，还要靠广大企业的实践；要把人民群众创造历史的主体作用与英雄人物的重要作用结合起来。第二，介绍物联网的业务应用、市场开拓，要注意高技术、新技术复合配置、应用复杂的特点。因为存在这样的特点，在业务应用开发方面要特别照顾服务对象不了解、不习惯，甚至在开始一时接受不了的特点，坚持务实推进、坚持质量为先、坚持重点示范、坚持方便客户的方针；物联网为城市公共服务时要循序渐进，突破各种难点，强化云服务企业与政府监管中对个人隐私、企业商业秘密、公共安全秘密的制度保障；要培育合格的云工程与服务企业等。为此，着重分析了"智慧城市建设的难点与对策"、"智慧医疗要着眼于为市民服务"，并就大数据的利用与发展介绍了在融合应用中拓展的方法。第三，强调物联网的应用服务，要以体制改革为动力。物联网的业务应用，不只是一个技术问题，也不只是一个业务应用或服务的问题，而是业务的过程管理创新与适应市场体制的综合改革。为此，笔者花了相当的篇幅与精力来写"购买云服务是一场大变革"这一节，这是第三章的重点。因此，我们一定要树立改革促发展的理念。改革是推动物联网应用与服务业发展的法宝。只有通过改革，才能打破信息孤岛的体制障碍，形成大数据与智慧城市共建共享的格局；只有通过改革，才能提高公共服务的效率，展现物联网的应用魅力；只有通过改革，才能实现业务流程再造；只有通过改革，才能有效培育物联网的市场，打破"铁路警察、各管一段"的僵局，发挥挖掘资源与力量的协同效率。同时，第三章还对商业模式创新，发展云工程与服务，抢占制高点的思路、方法、实现途径作了介绍。第四，着重介绍了物联网业务应用的基础条件与产业生态环境建设的重点与方法。主要是对智慧城市的标准建设、专用物联网建设、政府的相关政策调整、监管方式与体制创新等进行了有重点的阐述。

把握物联网高技术密集、多技术集成、技术构成复杂、应用转化推广难度大的特点，出路在于商业模式创新。我想借机再补充几点：

首先，要"破解物联网技术我不懂，但物联网工厂、智慧城市我要建"的难点，必须在大力发展农业云工程公司、工业云工程公司、城市云工程公司、学校云工程公司上下功夫。不能让从事配件加工的个体工商户自己去买机器人，自己去买自动化软件，自己去安装调试机床、机器人与自动化软件。要让从个体工商户到工厂客户、从学校客户到城市政府客户，都能享受便利化的工程总承包的商业模式服务。

其次，要"破解物联网工厂、学校、城市我要建，但维护运营做不了"的矛盾，就要在大力发展云服务业上下功夫。这是生产型、装备工程型的服务业，高技术型的服务业借助先进网络加速发展的动因。高技术越发展、高技术集成的程度越高，高技术型服务的专业化分工就越成为必然。随着电子芯片、传感器、控制器及软件在汽车上用得越来越多，驾驶员只会开车不会修车就成了常态，汽车维护保养业自然会越来越发达。同理，物联网服务业也必然按照汽车服务业的发展路径前进。

最后，要破解"新的高技术应用讲起来美好，但实际体验未必美好"的难题，要在新业务的高水平示范上下功夫。这是浙江省抓 20 个智慧城市应用业务示范的动因。抓人们没有接触过的物联网技术应用的综合示范，才能切实回答"高技术好是好，好在哪里谁见了"的疑问。说一千，道一万，不如做出来让大家看一看。我们对新的高技术不仅要讲，要进行科普宣传，还要用。用起来，用好它；同时，还要组织大家去看、去体验、去模仿着用、照用得好的样子去推广用。这就是"研、讲、用、看、上"为一体的辩证法。

目前，我们正处于信息技术革命、产业变革、转型升级的历史交汇的关键点上，正处于中国又一次崛起的关键时刻。认识物联网的意义，真正把物联网机遇转换成为中国的机遇，我们应该有更大的雄心壮志，要乐于当铺路石，做出更大的贡献。为人民群众谋求更高质量、更多实惠、更加满足、更多幸福体验的生活是我们的使命。机遇难得，机遇宝贵，可遇不可求，无论如何我们不能坐失、让失。我们一定要牢牢抓住难得的物联网发展机遇，做出人民受益、国家富强、历史铭记的贡献。

感谢为本书出版给予各种悉心指导、具体帮助的各位专家、领导和各方面的同志！

敬请各位读者、专家批评指正。

毛光烈

2014 年 5 月于北京